情绪价值

精神内耗自救指南

木子 著

江苏凤凰文艺出版社
JIANGSU PHOENIX LITERATURE AND ART PUBLISHING

图书在版编目（CIP）数据

情绪价值：精神内耗自救指南 / 木子著 . -- 南京：江苏凤凰文艺出版社，2023.6

ISBN 978-7-5594-7640-1

Ⅰ . ①情… Ⅱ . ①木… Ⅲ . ①情绪 – 自我控制 – 通俗读物 Ⅳ . ① B842.6-49

中国国家版本馆 CIP 数据核字（2023）第 047890 号

情绪价值：精神内耗自救指南

木子　著

责任编辑　王昕宁
策划编辑　李　根
特约编辑　连　慧
装帧设计　三形三色
责任印制　刘　巍
出版发行　江苏凤凰文艺出版社
　　　　　南京市中央路 165号，邮编：210009
网　　址　http://www.jswenyi.com
印　　刷　三河市春园印刷有限公司
开　　本　880毫米 ×1230毫米　1/32
印　　张　9
字　　数　193千字
版　　次　2023年 6月第 1版
印　　次　2023年 6月第 1次印刷
书　　号　ISBN 978-7-5594-7640-1
定　　价　49.00元

前言

PREFACE

现代社会，随着压力的增加，竞争越来越激烈，焦虑、暴躁、忧郁、抱怨、无缘无故的愤怒等负面能量成了生活中常有的一种情绪，很多人莫名其妙地对身边的人发泄着负面情绪，每当得罪人后才后悔莫及，而且懊恼自己为何在当时的情况下会说出伤害他人的话，做出伤害他人的事。但木已成舟，再懊恼，事实已成。

看到此前言的读者朋友们是否有过这样的体验：心情好时，你看什么东西都觉得不错、挺顺眼，连你以前觉得很讨厌的人也多了几分好感，对以前看不惯的事情也多了一分理解；心情不好时，即使面前摆着美味佳肴，也觉得食之无味，更有甚者会觉得难以下咽，看到再美的风景也会视若无睹，或者找各种理由抱怨风景及周边环境，和再好的朋友或闺蜜聊天，也觉得对方的每句话都是在针对自己。由此可见，一个人的情绪有着多么可怕的影响力。

有一句流行语：生容易，活容易，生活不容易。可见，每个人的生活都有着各种烦心事，每个人都会遇到种种磨难和冲击，也都会经历挫折与失败。既然我们无法改变已经发生的过去，那就去把握未来。也许我们无法把握未来发展的方向，但我们可以在事情发生时控制自己的情绪！当我们能够控制、支配自己的情绪时，才能够把握住命运的咽喉，扭转事情发展的方向。

情绪的功能是非常强大的，它无时无刻不在影响着我们的生活和工作。因此，学会控制情绪对每一个人来说，就是一件极其重要的事情。情绪与我们的心理及言行是相互影响的，当我们拥有良好的情绪时，做事情就容易产生积极的因素，让自己成为具有正能量的人，并且能够将积极的精神转化为行动，最终取得让自己都惊喜的成绩。相反，长期处于消极情绪的人，心情会很糟糕，做什么事情都优柔寡断、患得患失，同时还会产生焦虑、暴躁、悲观等负能量，这些负能量的情绪会成为一个人迈向成功道路上的拦路虎，当你不去改善，就会酿成不可挽回的严重后果。

我们都知道，人与人之间是有着差别的，每个人的家境、样貌、智商等都是不同的，但老天也是公平的，正因为每个人之间有着差别，所以生活的环境、遇到的人和事也都不尽相同，这也就造成了我们迈向成功的机会其实是相同的，关键在于我们能否把握住身边的机会。当机会来临时，最重要的无疑就是我们是否能够勇于挑战，战胜自己。而这些积极的因素，往往来源于良好的情绪。可见，如果我们能够成为情绪的主人，控制住自己的情绪，让它朝着积极的方向前进，机会对于我们来说，遍地都是。从古至今，凡是有所成就的人，其共同特点就是能够掌控自己的情绪，从而主宰自己的人生。若我们不懂得控制情绪，在失去理智的情况下，不管我们做什么事情，它都可能朝着最坏的方向发展，最后万劫不复。

本书通过对情绪进行深入解剖，让大家了解情绪是什么，再从心理学的角度对情绪进行细分和讲解，以理论加案例的方式，通俗易懂地解析控制情绪的能力，以及情绪在生活中所起到的关键作用，让读者能在案例中了解到情绪的重要性，在理论中掌握控制情绪的方法。我相信读者朋友们能够学以致用，找到属于自己的情绪掌控方法。最后，我希望每一位读者朋友都能够在读完本书后，对情绪操控自如，更好地驾驭自己的生活，在人生中绽放出绚丽的光彩。

CONTENTS

目　录

◆◆◆◆◆◆◆◆ 情绪价值：精神内耗自救指南

上篇　情绪钝感力，不要什么都往心里去

第一章　让阳光照进生活：快乐的人生源自每天的好情绪

第二章　在我地盘听我的：有效控制不良情绪

第三章　成为自己人生的“摆渡人”：我的情绪我做主

下篇　情绪价值，管理情绪成就自己

第六章　低落时不妨笑一笑：放下负担和忧郁的情绪

第七章　没有抱怨，快乐才会常伴：身上充满怨气，生活会越来越幽怨

第八章　没有攀比就没有烦恼：别生活在别人的世界中

第九章　想要的越多失去的越多：贪婪是个无底洞，永远都是欲壑难填

第十章　勇于尝试才能迈向成功：战胜懦弱，站上自己的人生巅峰

上篇

情绪钝感力，不要什么都往心里去

第一章

让阳光照进生活：
快乐的人生源自每天的好情绪

在心灵上画一张笑脸，那样才会快乐

有这样一句话："在生命之旅中我们必须拥有这样的风度：失败与挫折，不过是一个记忆，仅仅是一个名词而已，它们不会增加生命的负重。带着伤痕把胜利的大旗插上成功的高地，在硝烟中露出自豪的笑容，才是人生的精彩……"这是人在面对生命、挑战和苦难时的一种坦然，也是一种微笑着面对人生的态度。这种微笑是自己给予的，也是我们每个人都应该绘在自己心灵上的。

我们给自己的心灵画一张笑脸，人生的路就不会像想象中那样漫长而且充满烦恼。我们把人生道路中的各种艰难险阻看做是一场考验，即使跌倒了，也不会因为惧怕疼痛而轻言放弃，不再为生活中偶尔出现的不如意而叹息，也不会随便给自己的生活增加负担。懂得给自己的心灵画上笑脸的人，不会让悲观、失望长时间地主宰自己的人生。他懂得人生需要减负，也擅长给自己的生活做减法。

二战期间，伊丽莎白·康黎失去了她唯一的儿子。丧子之痛让她心灰意冷，她准备去乡下度过余生。就在准备行李的时候，她无意中发现了儿子生前写的一封信，信中有这样一句话："无论身在哪里，也不管遇到什么样的灾难，我都要勇敢地面对生活，就像真正的男子汉那样，用微笑承受一切不幸和痛苦。"儿子的这段话就像烟花，在伊丽莎白·康黎的心灵深处炸开。她想到，一定有很多像她一样在战争中失去了儿子或者其他的亲人的母亲，她们的心情一定也和她相似。于是，她放弃默默度过余生的念头，拿起了笔，在纸上写下了自己的真情实感。最终她成为一位知名的作家。

伊丽莎白·康黎之所以能够勇敢而乐观地生活下去，是因为儿子在信中的语言给了她鼓励。她明白了人的一生不可能一帆风顺，既然逝去的已经无法挽回，为何不珍惜现在呢？于是她在自己的心灵上画了一个笑脸，为自己也为已逝的儿子活出了精彩的人生。

一个心灵阴暗的人，他的人生是寂寞而沉重的。因为阴暗的心灵只会让我们计较太多，计较太多又会让生活变得沉重而杂乱，任何人在沉重杂乱的生活中都无法感受到幸福。所以，让我们的心灵摆脱阴暗的纠缠，为心灵画一张笑脸，这是我们获得轻松幸福生活的最佳选择。我相信每个人都希望自己过得幸福、快乐，只有轻松的心灵才可以让人们的笑容更加灿烂。

为心灵画一张笑脸，让自己拥有乐观向上的人生态度；为心灵画一张笑脸，让自己拥有勇气面对艰难困苦；为心灵画一张笑脸，让自己面对人生拥有一份平和。只要我们不放弃心中的希望与梦想，就能够在苦难的生活之中绽放出最美的花。

沉重并非人生的代言词。当今社会的人们，为了能够过上自己理想中的幸福生活，表面上用尽各种手段不停地奋斗，实质上却是不断地将各种各样的压力和包袱强加到自己身上。所以有很多人在感叹人生的不容易，在抱怨生活给予的压力太重……生活需要我们懂得自我减压，过重的负担只会让我们在面对人生时失去勇气；只有适当地为生活做减法，我们才能够轻松、快乐地得到自己想要的幸福。

要知道，不管是哪种笑，都拥有神奇的力量。心灵上的神奇笑脸，足以让我们在面对一切的时候露出微笑。这微笑是一种释然，也是一份淡定。在这种微笑下，烦恼的事情也会变得云淡风轻。对着镜子中的自己笑，镜子中的笑容会带给我们自信；对着明亮的窗子笑，窗外的阳光会聚集在一起大声地为我们加油呐喊；对着自己的人生笑，人生会回报我们一份简单却难求的幸福。

我在一本正能量的读物中看到这样的一个故事：

李欢最近很沮丧，一连串的打击让她觉得活着就是一种煎熬。先是在公司进行的升职考核中，李欢虽然取得了优异的成绩，却被公司某领导的侄儿占据了她梦寐以求的职位；后来追了自己三年，已经向她求婚的男友忽然提出了分手，说他另有所爱了。职场失意本来就让李欢心中郁闷，没想到自己竟然在情场也失意了，顿时觉得人生没了追求，于是向公司请了一周假，打算躲起来疗伤。

一天傍晚，她在家附近的广场上闲逛，忽然看到一个小孩子拿着粉笔在地上不停地画笑脸。于是她走上前去，问那孩子为什么要画那么多笑脸。孩子说，老师曾经说，不快乐的时候就为自己画个笑脸，那样就会快乐。刚刚他的妈妈和爸爸吵架了，所以他画了很多笑脸，希望他的爸爸和妈妈快乐！李欢忽然想开了，她的假期还没结束就回公司了，一改之前的沮丧，又变成了一个积极向上的职场精英。

正如故事中所说，“为自己画一张笑脸，那样就会快乐。”要是给自己的心灵上画一张笑脸，那么心灵就是快乐的。拥有一个快乐的心灵，当然能够快乐地面对人生。我们剔除了生活中的牵绊，也就等于拔出了心中的毒素，没有了毒素，希望的阳光自然就是心灵中唯一的进驻物了。

换个角度看，每个风景都别样绚烂

“横看成岭侧成峰，远近高低各不同”，这是我最喜欢的苏轼的词句，我虽然没有去过庐山，不曾看到过它的真面目，但天南海北的游玩，我也攀登过很多大山，渡过很多河流。在攀登高山时，我深有感触：同一样事物，不同的角度会显现不同的风景。

每次登山返回后，我总会思绪万千。我们内心的山，如果攀登的话，也是同样的事情：往这方面想，可能就会导致我们情绪低落、内心不快；但换另一个角度看，就会积极乐观、豁然开朗。

由此可以判断，我们对事物产生某种希望或恐惧，是因为事物往往会以各种情形出现，它从不顾及我们的感受，也不会迎合我们的愿望。外部的环境容不得我们选择，但是对外部环境的反应却是由我们自己说了算的。

面对一个问题，一件事情，我们抱着乐于接受现实的心态，努力地寻找它存在的益处。这样，我们才能更好地接受现实，才能更好地换一种思维去思考问题，进而解决问题。

我认识一位女士，在她家里做客时，听到过这样一段她和儿子的对话。

这位母亲教育儿子：“儿子，不要把辛苦看做辛苦，也不要把困难看成困难。”

“那把它们看成什么呢？”儿子问。

“把它们看做你平时最爱玩的电子游戏中的那些怪兽。当它们来的时候，你不要怕，只需要用力地打它们，打败它们！你甚至可以想：‘噢，又有好玩的了。’你玩游戏的时候，不是越大的怪兽越感到刺激好玩吗？”

“如果我打不过它们，失败了怎么办？”儿子问。

“那又有什么关系呢？你平常玩游戏时，失败了不是会重新再玩一次吗？”母亲回答道。

这位母亲是明智的，这个孩子是幸运的。但在现实生活中，不是所有的母亲都能给孩子这样的教育。其实，正如这位母亲的话语所传达的：失败没什么可怕，可怕的是我们在心态上彻底认输了。

为何我们不学着这位母亲的思路，把眼下的辛苦和困难看做是一场游戏，这样，我们就不会烦恼，不再郁闷、伤心，而是给自己重来一次的勇气和机会。

然而，现实社会的人在这一问题上的表现却不容乐观，很多人会带着一份厌恶感或同情心去看待问题。却不知道，这样就会在无意间存留了某些没有经过检验的看法和观点，他们认为事情本身就是一场无尽的灾难，自己根本没有办法改变。

既然如此，我们还是选择前一种吧，做一个明智的人，用有益的方式对看似不好的事情做出一些恰到好处的反应。

我在旅游时遇到过一位驴友，她是一个作家，喜欢四处游荡，寻找灵感，希望能够让作品显得与众不同。

有一次，我们来到一个小山村体验生活，夜里在一对夫妇家借宿。女主人看到她一个女孩子来到这种偏僻的地方，很同情她，说：“你一个姑娘家，这样漫无目的地游荡，也太辛苦了吧。为什么不好好找个安稳的工作呢？”

女作家听后，微笑着说道：“我没有觉得辛苦啊！这样四处游历，每天都会遇到不同的人，看到不同的风景，我觉得很快乐。能够这样一直游历下去，就是我的梦想，我现在感到很快乐！”

可以说，作家是乐观的，更是明智的，她懂得往事情好的一面去看。而那个女主人虽然是好心，但相对来讲就显得狭隘，只看到了事情坏的一面。

其实，好与坏都带有很强的主观色彩，都是有限经验的结果。不同的看法却会产生截然不同的结果，悲观的想法导致坏的结果，乐观的思维带来好的结局。如果前者不能辩证地看事情，就不能走出误区，也就无法摆脱过于强烈的个人色彩，那么他的日子也是泥泞而灰暗的。后者懂得在不利的事情中看到其中存在的优势，分辨出其存在的价值，就能很好地吸取教训，让事情向着美好的方向发展。

看到这里，该怎么看待事物，该如何面对问题，各位读者的心里已经有答案了吧。

保持乐观，别在黎明前的黑暗中倒下

人间是一个繁华又萧条的舞台，我们每个人都是舞台上的演员，演绎着各种不同的生活。我们既已来到人间，上了这个舞台，为何不完成自己的使命，演好这台戏呢？只有义不容辞地走下去，才无愧于我们的人生。在演这出戏时，困难当头又何妨，如若一切平淡无奇，岂不愧对这个舞台。

每遇困境当头，有的人抱有信心，并采取行动突破困境，有的人畏缩不前，对前景忧心忡忡。到最后，哪一种人能屹立时代潮头，成为众人瞩目的焦点呢？答案当然是前一种人。

有这样一句话："努力了不一定成功，但不努力一定不成功。"其实，我们面对困境的态度，同样是对我们是否肯努力、是否在努力的考验。

智者告诉我们："人可以通过改变自己的心态去改变自己的人生。"换句话说，我们有什么样的心态，就会有什么样的生活方式，就会有什么样的心情。只有拥有好心态，才会有好心情，有了好心情，才会用心做好身边的每一件事。

那么，什么叫好心态呢？简单来说，就是正确认识人生、认识自己。要知道，生活是不可能按照我们的意愿去进行的，它有时候会和我们所向往事情背道而驰，但这就是生活。所以，好的心态就应该是不以自己为生活的坐标，接受现实，改变自己。只有这样，我们才能享受生活，感受幸福。

我的一个妹妹，四年前毕业后，来到一家规模较大的地产公司工作。四年的时间里，她从最开始的业务员做到了现在的业务经理，每个季度的业绩都是公司的前三名。

由于她出色的表现，深得老板器重，同事们有难办的客户也都习惯求助于她，手下的员工们也尊重她，这使她的人气很高。

在她看来，这个季度的区域经理人选非她莫属了。她所在的公司人事升迁制度是内部升迁，按业绩排名和综合成绩择优挑选。也就是说，她现在的级别是业务经理，如果顺利的话，按照她的业绩，这个季度她就可以升任区域经理了。

因此，自从升迁的消息传出来之后，她就感觉同事们都在有意奉承甚至是巴结她，她自己为此也有些得意扬扬，毕竟还不到三十岁，如果能做到区域经理，在这家公司还是破天荒的事。

很快，人事部让她去领取业绩考核单了，并且让她核实自己的个人资料，马上就要发布任职通知了。想到这里，她不禁心花怒放。

可是，没想到的是，升任区域经理的居然是另一个人，大家都不明白为什么理所当然的她落选了。得到这个消息后，她的情绪开始急转直下，强烈的挫败感让她觉得难以在这家公司继续工作下去了。我虽然安慰和开导了她很久，但效果甚微。

我的这个妹妹在工作方面是个很优秀的女孩，可是就因为习惯了这种优秀，才让她难以接受出乎意料的挫败。

生活中这样的事其实很多见。有很多看上去是理所当然的事，于是人们就理直气壮地去主观判断、下结论，然后按照自己主观的想法去行事。这样做的结果往往是到最后会出现出乎意料的情形，事情没有按照自己的认识、意愿和判断去发展，甚至是朝着完全相反的方向发生了。这时候，大多数人都无法坦然接受这样的事实，甚至会备受打击，最后就影响了自己原本积极的心理状态。

其实，在现实生活中从来没有所谓的“想当然”的事情，每个人的人生都有很多路要走，但不管你走的是哪一条路径，困难、艰苦与其他意想不到的局面都可能会出现，并且不会以我们的意志为转移。

因此，我们不能对生活下定结论，不能把自己置于一个安稳的理想环境下，更重要的是，我们也不必动辄改道或临阵脱逃，唯有坚持下去，我们才能建立起坚强的信心，获得最后的胜利。假如在一件事情上我们已经付出了很多努力，那么即使遇到困境，即使暂时的结果与我们的想象和期待大相径庭，我们也不应轻易放弃，也要坦然面对。只有这样，我们才不会前功尽弃，才不会在黎明前的黑暗中倒下。

那些杀不死你的，都将使你更加坚强

常言道：人生不如意十之八九。生活中，我们遇到的每个人未必是喜欢的人，经历的每件事未必是看得惯的事，度过的每一天绝不是只有幸福与快乐，还会充斥着烦恼等各种情绪。在这样的人生历程中，无数人烦躁不安，甚至对人生绝望。殊不知，那些你不喜欢的人与事，也许会给你带来一时的痛苦，但你不要排斥它们，更不要试图把它们从人生之中清除出去。虽然这些痛苦的磨难，会使你暂时失去快乐，但也会迫使你不断成长、砥砺前行，最终使你成为更好的人，你也会拥有更加美好的人生。

每个人都是在痛苦中不断成长起来的。尽管人人都希望得到命运的青睐，被命运捧在手心里，实际上，快乐使人生充实，痛苦也能让人生变得厚重而又坚实。不要再抱怨人生中有太多的不如意，给我们带来太多的痛苦。当我们拥有顽强的生命力和坚定不移的心时，那些痛苦就会成为人生中最宝贵的养分，促使我们成为人生真正的强者。

大学时期，小敏最不喜欢的就是英语课，她不喜欢英语，甚至对26个英文字母都是稀里糊涂的。但是，大学毕业后，小敏原本心仪一家外企，却因为英语不过关，导致其他方面都非常优秀的她被淘汰了。此时，小敏才意识到自己当初庆幸英语老师什么也不管，可以自由自在有多么傻，如今为此吃足了苦头，她需要把大学里没有学好的英语在毕业后补起来。

和小敏一样，清逸原本也不喜欢英语。不过，他遇到了一位非常严格的英语老师。这位英语老师对学生们的要求十分严格，只要有学生没达到她的要求，在尊重人格的基础上，老师就会说一些难听的话，这简直让被批评的学生恨不得找个地缝钻进去。背地里，同学们都说英语老师是女魔头，让人胆战心惊。然而，说归说，为了免遭噩运，同学们在每次下课后都会认真完成老师布置的作业，而且在上课前会主动认真地预习，毕竟都已经是大学生了，谁也不愿意被老师挖苦讽刺得面红耳赤。就算是英语最差的同学，或者对学习漫不经心的同学，只要上英语课，必然正襟危坐，片刻不敢懈怠，就连打个哈欠都担心错过什么。如同在炼狱一般，上了四年的英语课，原本像小敏一样连英语的26个字母都分不清楚的清逸，毕业后居然顺利进入一家知名外企，成为不折不扣的高薪白领。这到底是为什么呢？原来，不知不觉中，在痛苦地上每一节英语课时，清逸的英语水平大大提高。看到小敏无法进入外企而不得不去参加英语培训班的痛苦模样，清逸由衷地感谢英语老师："谢谢你，老师，是你让我们在痛苦中坚持充实自我。"

人们常说，走得最快的路，通常是下坡路。的确，小敏在大学四年的英语课都是在睡觉或者看小说中度过的，这样快乐的时光过得飞快，而毕业后找工作时面临的尴尬窘境却使人无法面对。相比之下，清逸在大学校园里的每一节英语课都过得很艰难，堪称紧张，正因如此，他才能不浪费每一秒，而在毕业后如同脱胎换骨，顺利进入知名外企。正如有人所说：人生中没有任何一种付出是毫无回报的，也没有任何一段经历是毫无意义的。只要多用心，利用宝贵的青春时光提升自己，我们就能如愿以偿获得成长，也最终会从痛苦中蜕变出来。

任何时候，命运都不会无缘无故地善待我们。生命的诞生总要经过剧烈的痛苦，在生与死的边缘徘徊，生命的成长也不是平白无故的，更不可能一蹴而就。很多时候，痛苦使人清醒，也逼迫我们不得不寻找人生中新的生机和机遇。现代社会，很多年轻人都是独生子女，习惯了从小接受长辈的照顾，即便走入社会，也很难做到脚踏实地学习和工作。然而，这一切都是不可替代的，正如父母不可能陪伴他们走完一生，他们终究要成长，要独自坚强地面对世界，要破茧成蝶超越自己。

从另一个侧面来看，那些不能使我们幸福快乐的事情，未必就是错误的。不管是判断一个人对我们是否有益，还是判断一件事情对我们是否有利，我们都不能单纯地把快乐作为唯一的标准。常言道，良药苦口利于病，忠言逆耳利于行。很多时候，痛苦的事情反而会带给我们成长，让我们警醒。不要急于排斥那些使你不快乐的人或事，在人生的道路上，也许注定他们不会带给我们幸福快乐，却会逼迫我们艰难地前行，直到我们遇到最好的自己，成就最精彩的人生。

将内心的情绪打扫干净，迎接新的阳光

国学实践应用专家翟鸿燊在一次讲座中这样说："思考不仅仅是用脑袋，而是用心性来思考。中国传统文化中的这个'心'，不是指心脏，是心智模式、心性……看到这张脸就知道你的内在，这是很关键的。相由心生，改变内在，才能改变面容。一颗阴暗的心托不起一张灿烂的脸。有爱心必有和气，有和气必有愉色，有愉色也必有婉容。"

这段话实际上是告诉我们，人外在的一切表现都是由人心所生：快乐、悲伤、烦恼、痛苦的表情皆是内心的反应，它不受外界任何因素的制约。对于同样的事物，人的心态不同，其结果也不同。

关于此，有这样一则故事可以说明：

从前有一个小和尚，他刚到一座寺庙不久，老和尚分配给他的任务便是每天把寺庙的院落清扫干净。

时值秋季，寺院里面有很多落叶。所以，清扫这些落叶便成

了一件苦差事，小和尚每天都要花费很多时间才可以将落叶清扫完毕。但是，每一次秋风过后，落叶便又再次飘舞飞落，小和尚便还需继续打扫，这让他痛苦不已。

其他的和尚给他出主意："你每天在扫院落前先用力摇树，把那些将落的叶子晃下来，那清扫一次后，便有阵子不用打扫啦。"小和尚觉得非常有道理，于是按照这个方法实行了，他清晨起了个大早，奋力摇树，然后自认为把今明两天的落叶都一次清扫干净了，这让他一整天都心情大好。

谁知第二天，小和尚刚到院子便傻眼了，落叶依旧铺满地。这个时候老和尚走了过来，垂眉低语道："无论你今天如何用力，明天的落叶依旧会飘落的。"小和尚听了终于顿悟，是啊！世界上很多事情是不能提前的，认真地做好当下才是最为真实的人生态度。忽然间小和尚的内心产生了一种满足和快乐感，他内心所有的苦恼、疲惫、绝望消失得无影无踪……小和尚认识到清扫落叶这份苦役蕴涵的哲理，于是他不再抱怨和焦虑了。

小和尚先后做的是同样的事情，但是由于不同的心态，取得的结果也不同。当他将清扫落叶当做一种苦役时，心中就充满了烦恼、痛苦和绝望；当他将清扫落叶当做一件有意义的事时，心中便充满了满足和快乐，最终也获得了心灵的解脱。

由此可见，任何烦恼和快乐都是由我们的内心决定的。如果我们用悲观的心态看待事物，最终得到的也只是烦恼和痛苦；如果我们用乐观的心态看待事物，就能够得到快乐和满足。

我曾在一本杂志中看到过这样一个故事：

约翰·杰西已经过了不惑之年，他最为在乎和担心的是两个可爱的儿子。他们虽年龄相仿，但是脾气秉性大相径庭。大儿子路易斯生来悲观，总是一副忧心忡忡的样子；而二儿子亚德生来活泼，每天都乐呵呵的。为了让路易斯快乐，约翰平时也对他加倍偏爱。

有一年的圣诞节前夕，约翰·杰西想试试自己的两个孩子，于是便特意给他们准备了完全不同的礼物，在夜里悄悄地挂在了圣诞树上。第二天早晨，哥俩早早地起床，兴致勃勃地想知道圣诞老人给自己的礼物。

哥哥路易斯收到了很多礼物，足球、崭新的自行车、气枪、羊皮手套等等，可是他一件件取来的时候却越来越不高兴。

于是父亲问道："怎么？这些礼物你都不喜欢吗？"路易斯便难过地说："你看这气枪，若是我拿出去玩，说不定会因为打碎了邻居家的玻璃而遭来一通责骂。这自行车虽然漂亮，我骑着出门也会高兴，但若是撞在树干上，让我受了伤可怎么得了。这羊皮手套虽然好，但是保不准我带着出门就会挂在树枝上，也会增添许多烦恼。足球更不要说了，我总有一天会把它踢爆的，到时候可怎么办啊！"说完竟大哭起来。父亲看到这些，什么都没有说便出去了。

刚一出门，便看到自己的小儿子，拿着自己给他的一个纸包笑个不停。父亲大惑不解，因为纸包里面什么都没有，只有一包马粪，父亲实在不明白小儿子在圣诞节收到这一包马粪作为礼物为何还能够笑得这么开心。于是父亲问小儿子："你为什么这么高兴？”小儿子边笑边说：“我的礼物是一包马粪，我想一定有一匹小马驹在我们家里呢。”随后他开始寻找，果然在自己家屋后面找到了一匹小马驹，随后亚德开心地活蹦乱跳，父亲见此场景，也开心地笑了起来。

快乐或悲伤完全取决于我们的内心，乐观的情绪无论看到什么都能看到光明的一面，悲观的心理总是抓着黑暗的那面不放，得到什么，都不会快乐。快乐源自内心，并非是可以通过外界的一切金钱财物才能得到的；而悲观却是自己酝酿而成，如同苦酒一般，自酿自尝，不能怨周围的一切人和事物。

我们在生活中，内心忧虑最大的来源并不是外界的“危险信号”，更多的时候是来源于我们内心的一些想法。比如：我们总是会担心失业，担心身体的一些疾病，担心意外的事件等等。我们的内心似乎在给我们灌输一个想法：我们必须循序渐进地按照我们内心的想象而生活，要平安且不要有太多麻烦和困难，一旦超出了这个范围，我们便无法接受了。要知道，我们这样去烦恼，是不能改变任何事实的。

生命匆匆，只是一个过程而已。快乐是一天，悲伤也是一天，与其在烦恼和痛苦中过，不如快乐、幸福地活。

快乐或悲伤皆由我们的内心所生。我们要想获得更多的快乐，就应该早一些摒弃内心的烦恼和痛苦，将内心阴郁的情绪打扫干净，迎接新的快乐和幸福的阳光。

洗尽铅华，感受心灵的宁静

多少人一世奔波，被时光追逐，却忘记了，等到老去那一天，想要的，不过是简衣素布、粗茶淡饭这样宁静的生活。

从 20 世纪 80 年代直到今天，有一本中国古代典籍在日本社会各阶层广泛流行，经久不衰，很多日本的企业家、政治家和学者，都把它作为立身处世的模范，以此来规范自己的行为和思想，这本影响深远的典籍叫作《菜根谭》。

为何《菜根谭》会被日本各界奉为经典呢？因为随着战后经济的复苏，人民的富足，日本人在越来越繁荣的社会现状中迷失了自我，逐渐远离了生活的真谛，老年人变得空虚，年轻人变得拜金，社会越富足，人反而越来越感到不幸福。在这种情况下，有些日本人就提倡了返璞归真的运动，在他们看来，想要获得充实就要抛开杂念，明白真正的生活真谛，由此崇尚朴素的《菜根谭》就成了很多人的精神支柱。

在我们一般人的观念中，朴素似乎和艰苦是一个意思，朴素的生活就是艰苦的生活，就是吃糠咽菜。但事实上，朴素和艰苦完全是两码事。艰苦是在非常差的环境下，过着不如意的生活；朴素是在不错的环境中，坚持着生活的本质。

“朴”就是质朴，“素”就是简单，质朴简单不就是人的本色吗？每一个人生下来的时候都是一样赤条条。只不过，在成长的过程中，社会赋予了人不同的角色和地位，给予了人不等量的物质，这才使得每个人的生活不再一样。而那些拥有更多的物质的人，为了表现自己的优越，便开始崇尚奢华。

奢华的生活掩盖的是人的本质，只有朴素的生活才能让人们重新回归，找回人的本质，重新获知人生的意义。

从古至今，凡成大事者，无不懂得享受俭朴的生活。朴素的生活，正是很多成功者能够战胜困难做出成绩的地方！

我国著名的学者、国学大师、北大资深教授季羡林先生，就是一位衣着朴素、认真负责、与人为善的老人，很多人尊称他为“布衣教授”。

是什么决定了他一生的简朴呢？

季羡林出生在山东省清平县（现临清市）康庄镇官庄一个贫苦的农民家庭。小时候，家里一年也吃不到几次白面，平常只能吃红高粱面饼子；连买盐的钱都没有，只能把盐碱地上的土扫起来，在锅里煮成咸水，用来腌咸菜。

四五岁时，季羡林就开始帮家里干活儿，早早体验着生活的艰辛。在收割庄稼的时候，他跟着邻居到别人割过的地里去拾麦子或者豆子、谷子，一天下来，可以捡到一小篮麦穗或者谷穗。有一次，季羡林捡到的麦穗比较多，母亲把麦穗磨成面粉，贴了一锅面饼子。贪吃的季羡林越吃越想吃，吃完饭后又偷了一块。母亲看到了，追着要打他。季羡林连忙逃到房后，扑通一声跳进水坑里。母亲捉不到他，他就站在水里吃完了剩下的饼子。

尽管家境贫寒，但季羡林的父亲深知文化知识对于后代的重要性，他把六岁的季羡林送到济南的叔叔家去上学。十五岁时，季羡林考入山东大学附属高中。他勤奋好学，连续两学期获得甲等第一名。后来，季羡林考上了清华大学，之后又去德国留学，回国后执教于北大。虽然是留洋学者、北大教授，季羡林却始终衣着简朴。季羡林家里的书桌和饭桌等都是用了几十年的普通家具。他一日三餐也都很简单：早餐只有一杯牛奶、一块面包和一碟花生米；午餐和晚餐也是简单的素食。每晚七点，他准时收看新闻联播，而他看的电视机还是20世纪70年代末买的19寸老电视。他虽然生活俭朴，但把工资和稿费都攒下来，最后捐助给家乡的学校，捐给家乡建设卫生院。

孟子曰：“生于忧患，死于安乐。”童年时饥饿的记忆使季羡林养成了勤俭节约的习惯，而苦难的经历又是他奋发的动力，是他一生的财富，他受益终身。

浩浩中华，上下五千年，礼义多以俭为德。“千古良相”诸葛亮曾这样告诫自己的儿子：“夫君子之行，静以修身，俭以养德。”表达了希望后代志存高远的厚望，成为千百年来广为传诵的佳句。陆贽也曾说过：“不节，则虽盈必竭；能节，则虽虚必盈。”由此看来，节俭真是一条古老的修养之道。

古希腊人曾提倡四种美德，其中一条就是节俭。那么，为什么要节俭呢？中国古代就有一句名言：养心莫善于寡欲。它告诉我们，只有过一种粗茶淡饭、勤俭节约的淡泊生活，才是养心娱乐、陶冶性情最好的方法。因此，勤俭节约对修身养性有着至关重要的作用。

华人首富李嘉诚拥有巨额的资产，但是他的生活似乎和他的资产并不对称。他曾经说："就我个人来说，衣食住行都非常简朴、简单，跟三四十年前根本就是一样，没有什么分别。"

李嘉诚用餐经常是一菜一汤，或者两菜一汤，饭后加一个水果。有时喜欢吃稀饭加咸菜，或者咖啡、牛奶、面包。他在公司总部宴会厅宴请客人，通常连同水果在内八道菜，碗是小号的碗，分量都是有控制的。没有大鱼大肉，只令客人吃到恰好分量，不致腹胀，也不致不够，力求做到不致浪费。在公司里，李嘉诚与职员一样吃工作餐，他去巡察工地，工人吃的大众盒饭，他也照样吃得津津有味。

有谁敢说李嘉诚不富有呢？但如此简单、朴素的生活，在我们普通人看来哪里像是一个千亿富翁的生活，但他的生活却切切实实如此。不仅如此，他还在这简单朴素的生活中得到了旁人无法企及的简单朴实的快乐。

世上的人本是相同的，只因后天的分工不同，每个人拥有的生活不同。然而，这并不能阻挡一个人享受朴素的生活。贫民和亿万富豪都是可以过同一种朴素而又简单的生活的。

其实生活本就不是金钱所能衡量的，奢华的生活折射出了一部分人心灵的空虚，正因为他们对自己的人生缺乏正确的认识，不知人生的意义，才会用物质装点自己的生活。事实上，人具有享受朴素的生活方式的天性，因为只有朴素的生活方式才能让人撕下伪装的面具，洗尽铅华，感受心灵的宁静与大自然的空灵，获得精神意义上的满足。

积极的心态像一股暖流，支撑你收获理想的结局

成功需要忍耐，而忍耐需要良好的心态。心理学上说，心态是指人们对外在事物做出现实反应的心理状态，是一个人的价值观的直接体现。

当我们在生活中遇到像顺利、成功、获得、挫折、失败、损失等情况时，就会产生褒、贬、惜、怨、喜、怒、忧、悲等心理，这种心理也常常促使我们表现出喜、怒、忧、思、悲、恐、惊等情绪。

受外界因素刺激，人们的反应有时会走向偏激，出现诸如乐极生悲等心理失衡的心态。一旦产生心理失衡的状态，人很可能会失去应有的理智，做出一些对自己或他人有害的事来。因此，我们要学会调整自己的心态，懂得控制自己的情绪，利用忍耐的调和作用，让自己始终处于积极的状态中。

教授对九个人进行了一项实验。教授对他们说："全部听我指挥，走过这座小桥，但是不能掉下去。如果掉下去的话也没什么，

因为下面就是有点水而已。”

这九个人就开始过桥，很顺利，全部通过。

教授这时打开了一盏灯，通过灯光他们看到桥底下不仅有一点水，而且还有鳄鱼。九个人不禁暗自倒吸一口凉气，也为自己没有掉下去而感到幸运。教授这时问道：“你们这些人中还有谁敢走回来？”这次没人敢走了。

教授说：“你们就想象成自己是走在无比坚固的铁桥上就行了。”经过再三的诱导，终于有三个人愿意尝试一下。第一个人小心翼翼地走过了桥，看看时间，足足比上次多了一倍；第二个人胆战心惊地走了一半就坚持不下去了，吓得只好趴在桥上；第三个人没走几步就吓趴下了。

这时，教授把所有的灯都打开了，大家这才看到，原来有一层网隔在桥和鳄鱼之间，刚才因为灯光昏暗，所以没看清楚。看到这样的情形后，大多数人不怕了，于是都走了过来。只有一个人还是不敢走，教授问他原因时，这个人竟然担心网会破掉。

这就是心态的魔力。同样的小桥，同样的人，几次测试的结果却截然不同。当被测试者对眼前的危险一无所知时，他们都可以全部顺利通过，因为当时他们没有任何一人会给自己不好的心理暗示。当他们意识到鳄鱼的存在时，全部被吓住了，产生了消极的心态。

还有个故事揭示的原理是心态影响生理：

身为电器公司质检员的凯雷，做事尽心尽力，但对人生过于悲观是他最大的缺点，他很少用肯定的目光去看待世界。

一天，公司有一个庆祝活动，大家都提前下班了。但不凑巧的是，凯雷因为一时大意把自己关在了一台待售的冰柜里。凯雷狂呼救命，根本没有人前来帮忙，直到他求救到筋疲力尽之时，他无奈地哭泣了。此时，他心里产生了一个恐怖的念头：冰柜里那么冷，他肯定会被冻死在里面。最后，他用质检单写了一封简单的遗书。

第二天，当大家打开那个冰柜时，发现凯雷奄奄一息地躺在里面，经过抢救也没能挽回生命。在他遗书中，大家发现他这样写道：“没人救我了，我肯定会被冻死在这里！”这句话让大家为之一惊，因为冰柜根本没有插电，而且用点力就能把门推开。

哀莫大于心死，凯雷并非被冻死，而是在悲观的态度中被吓死了。

我们每一个人都会怕死，但最可怕的不是死亡，自己吓自己才是最可怕的，它会拖垮你的忍耐和毅力，最终把你推向死亡的深渊！不论多么狰狞的东西，你想象它是可怕的，它便可怕；如果你不去在乎它，那么它分毫都不会影响到你。

在持续忍耐的过程中，多给自己说些鼓励的话，如“快过去了”“一切都会好起来的”等。积极的心态就像一股暖流，让你在痛苦的忍耐中获得补给，支撑你收获理想的结局。

第二章

在我地盘听我的：有效控制不良情绪

你的想法，不要轻易受情绪摆布

你是否也有过这样的经历：考试前焦虑不安、坐卧不宁？被老师、父母批评后容易自暴自弃？和朋友争吵后，上街乱逛，并买一堆多余的东西泄愤呢？

偶尔有这样的情绪不要紧，如果经常这样，你可就得注意了！因为不知不觉中，你已经成了情绪的“奴隶”，陷入情绪的泥淖而无法自拔。所以，一旦心情不好，你就“不得不”坐立不安、“不得不”旷工、“不得不”乱花钱、“不得不”酗酒滋事。

就让我们来管理自己的情绪吧。心平气和地对待一切事物，这样，我们的情绪才会保持在一种良好的状态下。如果我们为别人带来风雨、忧郁、黑暗和悲观，那么，他们也会报之以风雨、忧郁、黑暗和悲观。相反，如果我们为别人带来欢乐、喜悦、光明和笑声，他们也会报之以欢乐、喜悦、光明和笑声。如果我们在学会控制自己的情绪的同时，还能体察别人的情绪变化，那么，我们更容易使自己保持好心情。

每个人心中都有一把“快乐的钥匙”，但我们却常在不知不觉中把这把钥匙交给别人来掌管。一位销售员抱怨道："我活得很不快乐，因为我经常碰到糟糕的客户。"这位销售员把快乐的钥匙放到了客户手里。一位职员说："我的老板很苛刻，我很生气！"这位职员把快乐的钥匙交到了老板手中。而一个成熟的人会握住自己快乐的钥匙，他不期待别人使他快乐，反而能将快乐与幸福带给别人。

弱者任思绪控制行为，强者让行为控制思绪。正如奥格·曼狄诺所说："学会掌握情绪，做情绪的主人，是人生前行的关键。"

麦金利曾是美国副总统，一天，一个议员带着几个人冲进了他的办公室，对他做出的一个决定表示抗议。议员开口就用很难听的话咒骂麦金利，而麦金利却异常平静，一点儿也不动怒，耐心地听着他发泄怒气。

等他们一个个说得筋疲力尽后，麦金利才用温和的口气问："现在你们觉得好些了吗？"然后，麦金利开始向他们解释自己为什么要做那项决定。总统平和的态度，使那个议员脸红了，他意识到自己的观点的确站不住脚。

如果麦金利总统在议员粗暴地指责他时竭力地解释，那只会导致一场更激烈的争吵。人们但凡有负面情绪，最根本的原因都是心底感觉不如意。通常能正确处理负面情绪的人，会将不如意的事看作路上的一个小水洼，有时泥水溅在脚上，皱皱眉也就过去了。喜欢愤怒的人则不同，他们的水洼里全是汽油，一点就着，不但烧得自己面目全非，而且定要殃及旁人，让旁人跟着不好过。

等到他们冷静下来，发现脾气发得狠了，话说得重了，再去道歉，但受害者委屈也受了，气也生了，心里有了裂痕，哪有那么容易弥补？

怒气伤身，发怒会使人血液中的毒素增加，导致皮肤问题，加速大脑衰老，还容易使甲状腺失调，胃、肝、心脏都会受到影响，“气得肺炸”更说明怒火会让肺换气过度，危害健康。克制怒气不只是为了人际关系的和谐，更是为了自己有一个健康的身体、悠闲的心态，才能保证生命的质量。

古代，有位将军动不动就发脾气，他甚至曾在朝堂之上顶撞过皇上，因为他劳苦功高，别人都让他三分，但他的仇敌越来越多，将军也渐渐感到有压力。

这一天，将军走进国内最大的寺院，请那里的高僧给他提意见。一开始，将军的言语里还有些责怪自己的意思，后来，他越说越烦躁，最后他说：“我就这么个脾气，江山易改，禀性难移，要我改？怎么改？”高僧问：“既然天生就有的东西，那拿出来给我看看，如果拿不出来，为什么改不了？”

将军听到这话有些生气，不客气地说：“你们这些高僧都喜欢诡辩！”高僧说：“贫僧的话如果是诡辩，那将军的仇敌们对皇上说的也许‘诡’上数倍，到时将军该如何分辨、如何自处？人们说戒急用忍，不是委屈自己，而是为了周全，将军难道不明白这个道理？”

将军并非不明白“戒急用忍”的道理，正是因为明白，他才会进入佛寺。可是，脾气不是说改就能改，将军想得到的，是更加实用的建议。乱发脾气常常坏大事，给自己招惹不必要的麻烦。但火气上来的时候，常常不知道如何“熄火”。脾气毕竟是一种情绪，还是一种不易压制的激烈情绪。

克制怒气的方法并不难，在你想生气的时候，先攥紧拳头，倒数三秒。三秒过后，告诉自己：“三秒都忍住了，再忍一下。”忍过三十秒、三分钟，这气也就消了一大半，至少不会以最剧烈的形式发出来。只有耐得住性子，才能保证你做出的判断是理智的，你决定的行为是妥帖的。若任由自己发脾气，得到的只有敌视和仇恨，所以，凡事能忍则忍。

忍耐是一种美德，但无条件、无限制的忍耐却是一种懦弱，有时候甚至会憋坏自己，让心灵变得阴暗。有智慧的人知道什么时候需要发泄，在原则问题上，他们掷地有声；在重大失误面前，他们临阵不乱，对责任人严惩不贷；看到不公事件，他们讨伐指责，更知道及时帮助那些有需要的人。怒气不是不可以发，但要保证这火烧得有根有据，更要知道范围，星火燎原虽然壮观，却可能导致大灾。那些恰当的火光，才能保证自己的明亮，同时让人看到人性的光亮。

拭去内心的浮躁，保持一个好心情

浮躁是一种不健康的心态，但它已经遍布社会的各个角落，成为现代人的一种通病。人一旦浮躁了，自己内心的各种欲望就会蠢蠢欲动，导致自己很难平静下来，终日处在一种又忙又烦的应急状态中，脾气会变得暴躁，神经会紧绷，于是抱怨不断，最后往往会导致自己被生活的急流所裹挟。浮躁不仅会影响我们的生活品质，也会阻止我们获得幸福和快乐。

很多时候，我们浮躁，就是因为自己的心总静不下来，使我们活得不堪重负的往往是我们自己。保持心灵的宁静不易，我们需要不断地反省，逐渐剔除心中不安分的东西，只有拭去心灵深处的浮躁，才能得到幸福和快乐。

在一个小村庄里有两个人，他们有一个共同点，疑心病重，内心充满嫉妒和猜疑，非常浮躁。所以，他们没有其他朋友，各自是对方唯一的朋友。

他们两个人经常被村里的人嘲笑："如果要他们不猜疑、不嫉妒，除非石头开花呀！”听到别人的嘲笑，他们的心里非常不舒服，决定改变自己，开始自我反省。一个人对另一个人说：“像我们这样嫉妒、猜疑别人，实在是不好的习惯，必须想办法改正才行啊。”另一个人同意他的说法，并提议去山里住一段时间，好好地反省反省。他们收拾好东西，跟本村德高望重的族长告别。

族长为人坦诚、大度又有智慧，听了他们的讲述，对他们说：“如果你们真的认识到了做人的道理，能够常常反省自己，这将是非常大的进步。但是如果你们浮躁的心静不下来，那么你们住进山里也是枉然。如果你们的心能静下来，那么即使住在闹市里也是一样的啊。”两个人听了族长的话，觉得在理，便放弃了进山的打算，依旧住在村子里。过了一段时间，人们发现，他们跟之前不一样了，不再那样猜疑和嫉妒别人了。

俗话说：“欲速则不达。”人们无论做人还是做事，都应该一步一步来，踏踏实实地干，才可以开创新的局面。反之，如果让浮躁占据着你的思维，那么，你就会失去清醒的头脑，无法稳步前进。浮躁是一种不可取的生活态度。浮躁的人在工作上眼高手低、敷衍了事，在学习上一知半解、囫囵吞枣。浮躁只会耽误一个人的前途，拭去浮躁才能专心地做好事情。所以无论是在学习上还是在工作中，我们都应该遏制浮躁的心态，脚踏实地、循序渐进。正如这句俗语所说的：“劝君做事要专心，心安勿躁好成事。”

古时候，有个叫养由基的人，他的箭术非常高明，能够百步穿杨。据说动物都知道他的箭术高明，所以，只要他一出现，动物们都吓得逃跑了。有一次，两只猴子正抱着柱子，玩得不亦乐乎，有人张弓搭箭要去射杀它们，但是两只猴子都没有在意，依旧玩闹着，甚至还朝着人们做鬼脸。这时，养由基走过来，接过弓箭，只见猴子们吓得赶紧逃走了。

有一个年轻人非常仰慕养由基的箭术，一心想拜他为师。养由基经不住年轻人的再三请求，于是就收下了这个学生。起初，养由基并没有直接教他射箭，而是交给他一根很细的针，让他放在距离眼睛几尺远的地方，然后整天盯着这根针的针眼看。年轻人按照养由基的要求去做，两三天后，他便忍耐不住了，便问养由基："我是来学习箭术的，不是来看针眼的。您什么时候才能真正教我学习射箭呀？"

养由基回答道："你现在所做的事情就是在学习箭术呀！你继续练习吧！"

年轻人又坚持了几天，可是几天后，他再次变得烦躁不安，心想："天天看针眼能看出什么来？我看他就是在敷衍我，他也只是徒有虚名罢了。"

后来，养由基又教他练习臂力的方法，让他伸直手臂，然后在手掌放一块石头，这个动作要坚持一天。年轻人不明白养由基的用意，抱怨道："我是来学习箭术的，为什么让我端石头呢？"他心里非常不痛快，不愿意再练下去了。养由基也看出了他的心思，同时也认为他不是学习箭术的材料，所以就任由他去了。后来，这个年轻人又跟其他老师学习箭术，但是最终也没有什么大的成就。

其实，这个年轻人如果不好高骛远，脚踏实地，甘于从点滴做起，那么他最终有可能成为一名射箭高手。但是，他抱着一种急功近利的态度，没有坚持训练，因此没能学到精湛的箭术。

不烦不躁，从容生活，这才是人生的最高境界。在现实生活中，当我们遇到困难的时候，切记不要心浮气躁。任何困难都只是我们生活的一部分，如果我们能够认识到这一点，就会明白这些困难根本不能作为阻挡幸福到来的绊脚石。当我们心情不好的时候，就会看什么都觉得不顺眼，做什么事情都不顺手，人在心浮气躁的时候是很难成事的，所以我们一定要拭去自己内心的浮躁，始终保持一个好心情。因为只有心情好了，人才能神清气爽，做起事情来才能得心应手。只有这样，我们才能成为幸福和自由的人。

每个人的不同，就在于自我的控制力

有一位作家说："其实人与人都很相似的，不同就那么一点点。"这一点点，便是忍耐力。一个能够忍耐的人，是一个有足够自我控制力的人，他对自己的雕琢更胜他人。

每个成功者都明确知道自己想要什么、该做什么和绝对不能做什么。因为他们深知：在成功的道路上，你没有耐心去等待成功的到来，那么，你只好用一生的耐心去面对失败。

韦文军在深圳装修装饰行业可不是一个普通人物，他的装饰设计公司在短时间内迅速崛起，他传奇般的发家经历值得我们借鉴。

美术中专毕业后，初到深圳的韦文军在第一次面试时，经受了一连串的打击。

第一次走进装修设计公司老板办公室的韦文军是这样介绍自己的："你好，我叫韦文军，今年才毕业……"还没等他把话说完，老板一挥手："出去！我们公司不要刚毕业的新人！"韦文军当时的心情难过极了，但他还是很克制地说："虽然我刚毕业，但我还是挺有天分的……”老板马上打断了他的介绍，大声说道：“我们公司的员工个个都有天分，请你马上离开！”

韦文军并没有放弃的意思，马上拿出作品放到了老板的面前。老板看了之后，感觉还行，就对韦文军说：“我们这里办公都是用电脑操作，你可以吗？”韦文军连连点头：“我会用电脑！”软磨硬泡之下，老板答应给他几天的试用期。没过几天，老板又让韦文军走人，原来老板看出了韦文军只是会些皮毛而已。

让人如此这般看不起，自尊心受到打击，但韦文军依然忍耐着。他再一次表明自己想学电脑，不要公司任何报酬，只要管吃住就行。最后，老板给了他这样一个条件，那就是让韦文军负责公司卫生间的清洁工作。韦文军接受了。

从此，有一个忙碌的身影穿梭于这家公司。整个上午韦文军都在打扫卫生，中午简单地吃上几口，然后接着清洁厕所。等所有的清洁工作完成后，已经到了下午。剩下的时间，韦文军就和别人学习电脑操作。下班后，韦文军还要再次打扫一遍，简单吃过晚饭后，就开始阅读书籍和学习上机操作。

但韦文军觉得自己还得多多了解建筑知识，于是就产生了去总工程师那里“偷艺”的想法。他发现，这位总工每晚动笔之前都有一个喝酒的习惯，于是他就用自己不多的积蓄买来各式名酒，还为总工带来一些下酒小菜，总工终于默许韦文军坐在他的身边了。

后来，公司正式雇用了韦文军，月薪1000元。工作了一段时间后，韦文军画的3D装修效果图中标率非常高。经过反复研究，老板还发现韦文军色彩感觉也特别好，就立刻提升韦文军做设计总监，月薪6000元，并不时给韦文军一些大项目去做。

1999年7月，公司得到了“东海庄园”别墅群规划的大单子，韦文军全权负责这个项目。韦文军此时已经非常老练了，他上学时的风景水粉画功底也在这次派上了大用场，两个月的时间，光3D效果图就画了三十七张。韦文军受到了客户的赞誉，客户很痛快地将款项划到公司账上。

韦文军被老板任命为艺术总监，此时，他已经月薪两万，而且还能得到年终分红奖励。回首往昔，韦文军感慨自己一年前还在公司刷马桶的境遇。

两年之后，韦文军用自己的积蓄成立了自己的装饰公司。

重提过去那段往事，韦文军一笑了之，称刷马桶的经历实属上帝“负面的恩典”，非常难得，他会抱着感恩的心回头看待这段故事。他告诉我们一个成功的“秘密”——所谓能耐，就是能够忍耐！

人生总是充满了困难和惊喜，就像当初刚刚毕业的韦文军，没有一技之长，三番五次地被人拒绝，但是他凭借着自己的忍耐力和冲劲，从刷马桶做起，从不要工资开始，在忍耐中提高自己，使自己成了一名技术精湛的设计师。

人因为有希望才能够好好活着，因为对美好明天的追求，才忍受了今天的痛苦，不管生活多么艰难，只要想到未来的日子，我们就有勇气忍耐一切。

很多时候，我们也会处在像韦文军当初遇到的情况，这就要求我们也要像韦文军那样有一颗忍耐的心，有一颗希望的心。当然，并不是每个人都要像他一样从刷马桶做起，但是肯于刷马桶确实是一种追求成功的良好态度和巨大决心。

成功，就是这样，要花费很大的代价，要忍耐，要对自己狠一点。

情绪有时像病毒，控制不好会肆意蔓延

生活中，每一个人都难免会遇到各种压力：上司不满，下属反戈，升职困难，客户难缠、丈夫（妻子）的不解风情、孩子顽皮淘气，婆媳不和……常常会让人们感到焦头烂额，不免心中起火。如果火气在下班之前还不能消除，就会不可避免地把坏情绪的“气象图”带回家里：看到丈夫（妻子）懒散地躺在沙发上看电视，无视你一脸的疲惫，你会觉得他（她）不够关心你；看到他（她）的鞋东一只、西一只地散放着，你边收拾边觉得委屈……于是，说话带刺，牢骚满腹，一来二去，开始争吵，伤了感情，问题升级，火气越来越大。

我朋友郭女士在一家商场做卖场经理，因为服务周到，细致认真，深受客户们的好评，因此也为商场赢得了很多回头客。

然而，就是这样一位在工作中无论何时都能对顾客报以亲切、和蔼微笑的人，在六岁女儿的眼里却是个“恶妈妈”。每天一到妈妈下班快到家时，女儿就会问奶奶：“妈妈是不是快回来了？”奶

奶一说“是”，她就会立刻嘟囔一句：“不知道妈妈今天高不高兴，大家一定要小心。”

每每这时，奶奶又是心疼，又是无奈。按说郭女士也算是个好儿媳妇，就是脾气不好。奶奶觉得她工作辛苦，在外又要看客人们的“脸色”，所以心里的委屈只能带回家里发泄，这也很正常，因此自己倒也觉得能理解儿媳；就是觉得小孙女有点可怜，总是小心翼翼的，总怕惹妈妈生气，引起妈妈一顿“数落”。

起初郭女士的想法和奶奶一样，觉得自己回家里发泄一下很正常。但是时间长了，她感觉到家人逐渐对她“敬而远之”，就连宝贝女儿也不敢与她亲近，丈夫更是对她“避而不见”。久而久之，她觉得第二天上班之前还是很难摆脱坏情绪的困扰，而工作中是绝对不能表现出来的，因而她经常觉得气短、胸闷，甚至有些抑郁。

千万不要把坏情绪带回家。这绝对不是危言耸听，长此以往，我们就会像郭女士一样，不仅自己被坏情绪困扰，连家人也要跟着担惊受怕，整个家庭气氛异常紧张。家是温馨的港湾，一个充满着天伦之乐、团结和睦气氛的家庭会使每个家庭成员精神愉快。相反，如果一回到家里，就感到烦恼、不和谐，这对谁都没有益处。

仔细想想，家人其实是人们最宝贵的财富。如果自己在外面遇到了不顺心的事，就说些不中听的话，或用动不动就对家人发脾气，这是很不应该的。他们又没有错，为什么要他们成为你的“出气筒”呢？

当然，有气也要撒，有委屈也要释放，但关键是要掌握好分寸，尽量在进家门之前就把它消化掉。比如，我们可以在下班后，坐在公交车上，独自凝望窗外，看看城市的一景一物、来来往往的人流，想想乖巧可爱的孩子、和蔼可亲的父母和公婆，还有和自己一样辛苦为家忙碌的丈夫，是不是心里就会生出一丝感动？这时，你心里的不快和怨气就会消失，因为一个人如果总是纠结于坏情绪中，那么看什么都是灰色的，一旦你心里都是快乐、和谐的画面，坏情绪也就会被一扫而光。

我姐姐苏顺顺从事的工作虽然很辛苦，但是她从不把坏情绪带回家里。一次，我和她约好一同下班，结果没走几步，自行车胎被扎破了。无奈之下，她只得冒着酷暑推着车走了很久才找到一个修车点。

本来工作就很辛苦，又遇到这样的事情，换谁都会发两句牢骚的。但是她却没有，在回来的路上她也没有再和我开心地攀谈，我想她肯定是心情不好。等走进家属楼门前时，我看见她下车径直走向一棵小树，用双手擦了擦树叶，然后才进家门。

进门后，她脸上出现了笑容，儿子跑过来抱她，她就把儿子抱起来，又走过去亲切地和婆婆打了招呼。前后如此大的变化，令人难以置信。我问她为什么能做到这一切，她笑着说：“我称那棵树为‘麻烦树’。我知道白天不可能没有麻烦和困难，但那些困难不属于我的家庭。所以每天傍晚回家，我会象征性地把问题挂在树上。更神奇的是，第二天早上我出门时，前一晚的问题似乎变少了。”她兴奋地说道。

其实，每一个理智、聪慧的人，都不会让坏心情影响自己、干扰自己的生活。他们会找出各种办法缓解自己的坏心情：

进行自我心理治疗，这很重要，体察自己真实的感觉，找出产生坏心情的原因。

对问题进行冷静地思考和分析，想明白为什么会出现令自己不高兴的事情，分析清楚原因。

进行自我心理疏导，告诉自己不要用别人的错误来惩罚自己，如果为了别人的错误而生气，那就是在浪费自己的生命。

进行自我告诫，告诫自己不要生气，告诫自己要心平气和，告诫自己要心情愉快，告诫自己不要伤害自己。

进行自我宽慰，去和爱人看场电影，去和朋友吃顿晚餐，或是自己去买一束花……

家人是与你最亲密的相伴一生的人，有什么烦恼与他们诉说，做到及时沟通是有必要的。但诉说也要讲究方式方法，不是一味地将他们当成“出气筒”或是“拳击袋”。

内心的负面情绪，往往来自你的计较

生活中，我们多数人都认为公平合理是天经地义的准则之一，经常听许多人抱怨“这是不公平的”或者“我没有得到这些，你也没有理由去得到”。事事都想追求公平合理，当稍有不合理的事情发生时，心中就会产生矛盾，就会愤愤不平，感到自己受到了莫大的委屈，内心无法平静下来。应该说，追求公平是正确的，但是因为自己受到一些不公平的对待或者遇到一些不公平的事情，内心就产生消极的情绪，这就需要注意了。

事实上，世界上没有百分之百的公平。我们所谓的绝对公平，只是我们内心的一种非理性的想法。

一位青年，常常感到怀才不遇，有一天他跑去向一位大师寻求帮助，这位青年向大师哭诉道：“这个世道简直太不公平了，想求得一份职业无外乎这两种做法：要么拿着自己的文凭学历敲开前门见一个陌生人，要么就带着礼物钱财到后门见自己的老熟人。”

大师听了，面带微笑，缓缓地说：“公平？何为公平呢？你可否写下这两个字容我一观？”青年十分迷惑，但还是在纸上写下了“公平”两个字交给大师。

大师呵呵笑着接过纸张，并且让青年看着这两个字说道：“公字写完需四画，平字却用了五画，这‘公平’二字本身就不公平，何来‘公平’可言呢？”

这个世界上是没有绝对的公平，你要寻找公平就如同寻找神话传说中的仙境、宝物一样，永远也不可能找得到，因为这个世界本不是根据公平的原则创造出来的。例如，鲨鱼吃小鱼，对小鱼来说是不公平的；小鱼吃小虾，对小虾来说是不公平的；小虾吃浮游生物……只要你看看大自然一个个的食物链就可以知道，处于顶端的是食肉类的猛兽，处于底部的都是毫无侵略性的植物或者微生物，对于那些注定要被吃掉的生物，你能用公平或者不公平来评价吗？

世界上没有百分之百的公平，地震、火山、台风等自然灾害对人类的侵害都是不公平的。在生活中，有的人天生长得漂亮、聪明、健壮，而有的人天生就残疾，你说这公平吗？在当今的世界中，发达国家的人会因为进食过量而去减肥，而一些落后国家的人们却因为灾荒饥饿而死，这公平吗？

一些竞技、体育比赛项目以标榜“公平”著称，但是有时“公平”也只是一个相对的概念。毕竟所有的比赛规则都是人定的，并且也是由人来执行的。每个人都有自己不同的喜好，不同的审美观、价值观等等，并且处在不同环境、不同阶段的人的意识也会随之有所不同。所以，想要追求做到绝对公平只是人们的一种幻想，并不实际。

公平是我们每个人都想追求的目标，但是总会出现许多不公平的事情，这并非是人类的一种悲哀，而是世界本有的一种状态，一种真实的情况。其实，我们每天生活在不公平之中，每天不可避免地要受到各种各样不公平的对待，如果你一味地追求百分之百的公平，只会导致个人心理上的失衡，使自己变得焦躁不安，烦恼不已。我们与其在焦躁、烦恼中度过，不如及早认清现实，放下过多的计较，使自己快乐起来。

同时，当你在满腹牢骚地抱怨“不公”的时候，你是否反问过自己：“自己真是最好的吗？”“自己真做得够完美吗？”如果你肯时刻这样想，就可以平衡自己的心态，使自己从烦恼中解脱出来。

有这样一则故事：

一位青年，觉得自己非常优秀，却一直无人识得他的才华，因而不能一展抱负，所以他为自己一直不被器重而愁苦不堪。

有一天，他大声地质问智者：“命运为什么对我如此不公？我并不比其他人差，为什么我不能得到重用？”

这位智者并未回答，而是随手捡起了手边一颗普通的石头，一抬手扔到了乱石堆里面。

智者说：“你试着把我刚才扔掉的那颗石子找出来。”青年翻遍了所有的乱石堆，却没有找到。这时候，智者又向乱石堆里扔了一枚金子。结果，这一次，青年很快就找出了那枚金子。

智者虽然没有说什么，但是青年顿时醒悟了：当前的自己还只不过是一颗石子而已，如果自己真是一块金灿灿的金子，就没有理由再抱怨命运的不公平。

在生活中，很多人就是这样，在不公平面前只是一味地抱怨。殊不知，很多时候，原因全出于我们自己。所以，我们在埋怨的时候，首先要静下心来反思一下自己，问题是否出在自己的身上。同时，我们也要勇于放下过多的计较，以一颗平常心去对待这些不公，这是人生的一种境界。

每个人的一生都会历经坎坷，遇到许多不公平的事情。刚开始人们的内心也不平衡，然而，一路走来，才知道世间根本没有百分之百的公平。所以，对于那些不公平的事情，人们要学会淡然对待。

善待自己，何必拿别人的错误惩罚你

人非圣贤，孰能无过。人人都有犯错误的时候，不如意的事情也时有发生。面对这些，是选择用怒火点燃战争，还是用冷静解决问题，两者产生的效果是截然不同的。

下面这个故事，讲的就是面对矛盾与冲突时，两种完全不同的心态是如何解决问题的。

一天，有一个婆罗门突然闯进了佛陀的住处，原因是同族的人都到佛陀这儿出家了，这让他非常生气。

婆罗门无理地对着佛陀大骂，而佛陀只是在一旁默默地听着。等婆罗门稍微冷静一些的时候，佛陀才开口说道："婆罗门，你家时常有客人来访吧，客人来的时候，你会款待他吗？"

"当然，你这样问是什么意思？"婆罗门不解地问。

"假如客人不接受你的款待，那些美味佳肴该如何处理呢？"

"客人不吃，当然是我自己吃了！"

佛陀笑了笑，又说道："婆罗门，你今天说了我这么多坏话，如果我不接受它，那这些谩骂全都归你自己了。反过来说，如果我也像你一样恶言相向，岂不是与你主客共餐，所以我不接受这佳肴。”

婆罗门听了佛陀的这番话，觉得很惭愧，于是出家佛陀门下，成了阿罗汉。

对别人生气就像是请客吃饭，如果客人不接受你的款待，那么这些饭菜还是你自己的，没有谁会来分担，最后全部都要自己来消化。有时候别人不一定犯了什么大错，只是不小心触及了你的利益，然后你就不分青红皂白地把怒火发到对方身上。通情达理的人，也许还能理智地与之解释，若同样是肝火旺盛的人，一场口舌之战想必是难免了。

如今，很多人总是感叹活得太累了，似乎每一天都生活在疲惫中。然而，有一位古稀老人却悠闲地微笑着，用不太标准的普通话说：“做一个好人其实很容易，拥有一个幸福的人生其实也很简单：一是不要拿自己的错误惩罚自己；二是不要拿自己的错误惩罚别人；三是不要拿别人的错误惩罚自己。有这三条，人生就不会太累了。”说完，她笑了笑，用手捋了捋额前的白发，满脸从容。

道出“人生幸福三诀”的老人名叫张允和。她的丈夫是著名语言学家周有光，她的妹夫是大文豪沈从文。张允和老人在年轻的时候也曾颠沛流离，也曾死里逃生，而正是人生的苦难与艰辛让她有了这一份豁达与从容。

“不要拿别人的过失惩罚自己”，也许很多人会骄傲地说：“我从来不是这样的人。”其实，不用深究，便可以得出这样的结论：每个人都或多或少地拿别人的过失惩罚过自己。只要是愤怒过、生气过的人，不见得都是出于自己的过错吧？凡是与人斗过嘴、拳脚相向过的人，并不见的都是见义勇为吧？如果不是，那便是用别人的错误惩罚自己，甚至是用自己的错误惩罚自己。

所以，我们遇到了问题不要生气，因为生气解决不了问题，开动脑筋才是解决问题最好的方法；受到欺骗也不要生气，应该去用理智战胜鲁莽，用智慧让欺骗者得到该有的惩罚；被人误解也不要生气，可以解释清楚的就解释，解释不起作用时，就交给时间和事实去证明；与人争辩事理也不要生气，一旦生气就证明自己已经败下阵来，真理不会因为谁声音大就倒向谁，反而会让别人轻易洞察到你的弱点。

某主持人说过这样一句话：“得意时淡然，失意时坦然！”世界纷繁多变，你或许没有力量改变当前的环境，也没有力量去改变其他人，你唯一可以改变的是你自己。你甚至也无法改变自己的性格，但至少你可以改变自己的态度。

我们要用一颗平和的心对待他人，这也就是善待自己，何必拿别人的过失惩罚自己呢？

当牛奶打翻后，再倒一杯就是了

最近在一本书上看到一句话，感触很深，这是伊森伯格的一句话："人生的小小不幸，可以帮助我们渡过重大的不幸。"对这句话感触深是因为最近刚好和一个同学见面，他前段时间揽了些工程，挣了点钱，春风得意。最近却因为开发商跑路，他无法给工人支付工资而陷入困境。因为他以前一直比较顺，所以这一次的打击对他影响很大，现在他整天萎靡不振。

我想安慰他，告诉他，现实生活中，几乎没有人喜欢失败，可惜这个世界没有永远的成功者，换句话说，也不应该有永远的失败者。人生是一场搏斗，谁也不是常胜将军，成功者与失败者的区别在于，前者有面对失败并超越它的勇气和能力，后者正好相反，在失败的沼泽中难以自拔！但这些鸡汤的话我想对他的作用还不如一壶酒，所以也就无法开口。

忽然想起西方有句格言：不要为打翻牛奶而哭泣。是啊，牛奶已经打翻在地，再多的哭泣和泪水都是无济于事的！

人生之中有得亦有失，这是不可逃避的定律。人人都会因为失去某种东西而黯然神伤或者倍感遗憾，可是失去就是失去，这可能意味着永远不再拥有，如果过于执着或者沉溺于感伤之中不能自拔，那么很有可能错过更加美好的东西，更加得不偿失了。

我们切勿为了已经失去的东西而放弃现有的快乐，牛奶已经打翻了，再怎么懊恼和后悔也于事无补，所以过去的事情就过去吧，当下的快乐才最重要。

格林夫妇一家在意大利旅游时，遭遇了劫匪。不幸的是，他们最疼爱的年仅七岁的小儿子尼古拉在这场劫难中中弹身亡了。这对于格林夫妇来说无疑是一个巨大的打击，他们如同做了一场噩梦。

可是，在医生确定了尼古拉的大脑已经死亡后，父亲格林经过考虑做出了一个惊人的决定，他要捐献儿子的器官。于是，大约四个小时后，尼古拉的心脏便重新在一个十四岁的男孩身体里跳动，这个男孩有先天性心脏病，是尼古拉的心脏使他得以痊愈；而他的肾则使两个肾功能先天不全的孩子有了活下去的希望；再然后，尼古拉的肝使一个十九岁的少女脱离了生命危险；他的眼角膜则使两个意大利人看到了他们生命中的第一缕阳光。

这件事情轰动了整个意大利，媒体也对格林夫妇作了采访，当被问及他们做出这个惊人决定的原因时，格林先生慢慢地说："我们并不恨这个国家，也不会憎恨意大利人，我的儿子已经再也回不来了，但是我希望那个杀害我儿子的人能够真心忏悔和反思，他在这样美好的一个国家里，犯下了怎样的罪孽啊！"

格林夫妇脸上掩饰不住的痛苦和悲伤，令所见之人同情，同情之余，人们深深的敬佩格林夫妇在遭受此重大恶劣事件之后，所表现出来的冷静与大度。

假如你处在格林夫妇的境地，你会做出怎样的选择呢？是否能够做到像格林夫妇那样坦然接受？还是在沉重的打击之下萎靡不振，难以接受儿子离去的现实，从此永远沉浸在无尽的悲伤和憎恨之中难以自拔？又或者牵连到对整个社会和国家都抱怨憎恨？

其实，我们必须承认，更多的时候我们心甘情愿地选择沉沦，从此一蹶不振，虽然我们远远望着美好，但是由于仇恨和悲伤占据了我们的内心，我们会选择拒绝美好。

“人人皆可为尧舜”，我们做到不像圣人英雄般胸怀博大，但是我们可以选择尝试着走出痛苦。毕竟我们面对失去的东西，无论如何痛苦沉沦也是于事无补，不如释然接受。

就像格林夫妇一样，他们只不过是普通公民，然而一场横祸，让很多人看到了人性光辉的那一面。这种光辉虽然是在巨大痛苦之下绽放的，但是也因痛苦使这微弱的光辉更加耀眼。这是一种神奇的力量，每一个人身上都具备这种力量，虽然它并不能塑造多么伟大的辉煌，但至少可以点亮生命之光，闪烁出人性中的耀眼光芒。

波尔赫特是一位在世界戏剧舞台上活跃了五十年之久的著名话剧演员，她曾经辉煌地塑造了各种经典的舞台形象。

都说福无双至、祸不单行，在她七十一岁的时候意外遭遇了破产，就在她为此心力交瘁的时候，生理上的打击也接踵而来。一次她在乘船的时候，不小心滑倒在了甲板上，她的腿部也因此受到了非常严重的创伤。医生虽然已经尽力施救，但是由于伤势严重，迫于无奈需要为她截肢才能保住她的生命。医生十分为难，担心把事实告诉波尔赫特后她会承受不了这巨大打击。

结果，医生的担心是完全没有意义的。当波尔赫特从他口中得知这个消息时，并没有像预想的那样表现出极大的悲伤，她只是淡淡地说了一句："既然医生都没有更好的办法了，那就这么办吧。"

从此之后波尔赫特并无大的情绪起伏，即使在手术当天，她还在轮椅上朗诵着戏里的台词，后来有人问她是不是这样可以安慰自己。她却说："我早已接受了事实，还要安慰做什么呢？只不过为我手术而忙碌的医生和护士都太辛苦了，我这样可以给他们一些安慰。"

手术以后，她疗养了一段时间便开始到世界各地表演去了，她在舞台上的生涯又持续了七年之久。

我们应该向波尔赫特学习这样豁达的心态，坦然地面对眼前的现实，坦然接受一切，面对已经失去的东西，我们所要做的并不是沉溺其中不能自拔，永远活在痛苦的回忆中，而是重新振作，迎接新的生活，获取新的希望。努力争取，永远比痛苦懊恼来得有效。"塞翁失马焉知非福"。生活总是还要继续，不管昨天你的经历是痛苦还是精彩，明天又会有不一样的际遇，所以莫要停留在当下，一定要懂得去把握未来。

泰戈尔有一句著名的诗句恰如其分地诠释了得与失的转换关系，“如果你因为失去月亮而哭泣，那么你也将失去群星”。心若一直停留在过去，那么人生便永远会停滞不前。人生再多也不过百年春秋，若在失去的东西上白白浪费这许多美好的时光，那么人生有多少光阴都是虚度过去，那样痛苦和懊恼的时间便也会加倍延长了。

所以，当牛奶打翻之后，你不该哭泣，而是接受这个现实，然后再倒一杯牛奶。失去的就是失去了，时光不会倒流，前一秒发生的已经发生了，若你为这一秒的失去而浪费今天的快乐，那实在是太不值得了。我们只有接受事实，丢掉那些痛苦和苦恼，才能更好地去迎接新的朝阳。

第三章

成为自己人生的“摆渡人”：我的情绪我做主

走自己脚下的路，过自己想要的人生

我国著名的国学实践应用专家翟鸿燊曾说过：“一个人如果没有独立的思考方式，就难免会陷入别人的游戏规则里。”在这里，翟鸿燊告诉我们，一个人要想独行于世间，就应该树立自己的行事原则或目标。否则，会被别人的思想和眼光左右，陷入别人的游戏规则里，结果只会为了实现别人的目标，将自己搞得身心疲惫。

有这样一则故事：

一位农夫带着他的儿子，赶着一头小毛驴到集市上做小买卖。父子两人都是没有行事目标的人，平时特别在意别人的看法。走了没多久，便碰见一群闲谈的妇女，其中一人笑道：“快看，这两个傻瓜，有驴子不骑，非要自己走着。”农夫听了心里很不是滋味，立刻就让儿子骑到驴背上去，他在后面跟着。

一会儿，他们又遇见一群老人，其中一人摇头哀叹：“哎呀，现在的孩子真是一点孝心都没有，他自己骑在驴背上，年老的父亲却在后面跟着，真不像话！”农夫和儿子一听，赶快换了下位置。

这样走了一会儿，一群带着孩子的妇女看见了他们，一个女人气愤地喊："快看那个可怜的孩子，遇上这么个狠心的老头儿，自己贪图舒服骑着驴，却让孩子在后面走。"农夫一听，马上让儿子坐到他后面。

快到市场时，一个市民大声叫道："这头驴多惨啊，竟然驮着两个人！这头驴是他们自己的吗？"农夫和儿子听见了赶快跳下来，最后他们想了个办法：用绳子把驴的四条腿绑在一起，中间穿过一根棍子，父子俩一前一后抬着驴向前走。

当他们终于到达集市的时候，累得气喘吁吁，路上的行人看着父子俩抬着驴的样子，觉得新鲜，都开始哄笑起来："有驴不骑，父子俩真是太傻了。"他们的笑声吓到了驴子，驴子奋力挣脱了绳索，乱撞乱跑，一不小心扎到了河里。

农夫因为缺乏自己的行事原则和行事目标，任由他人支配，最终得到的只能是懊恼和羞愧。

在现实生活中，许多人也与农夫一样，缺乏必要的行事目标，别人如何说，他就会怎么做，结果只会弄得周围的人都有意见。

如何走自己脚下的路，如何去过自己的人生，都是你自己的选择和决定，完全没有必要在乎别人的看法。任何人的看法和建议都不能从实质上改变什么。

在一本书中看到过这样一个案例：

玛丽是一家广告公司的职员，她与同事安妮是好朋友。安妮比玛丽早一年进公司，所以，刚开始玛丽受到了安妮的照顾。每当玛丽遇到难缠的客户，安妮都会主动帮她搞定。当玛丽业绩不好的时候，安妮也会帮她解决。

后来，玛丽凭借在业务上的成就，做到了 VIP 客户经理的职位。正当她欣喜的时候，她收到了来自好朋友安妮的意外之“礼”。

那一次，玛丽与安妮共同负责一个客户的关于新产品推广方面的新闻发布会。因为事前玛丽对新产品的资料做了详尽的了解，她提出的推广方案得到了客户的赞赏，客户单独请她吃晚餐表示感谢。当时，玛丽也能感到安妮的尴尬，想去安慰她。但是她后来又想，以她们之间的亲密关系，安妮应该不会介意的。

第二天上班后，玛丽听到有的同事在小声议论她。后来，她才得知是安妮散布的谣言，说她那天与客户在酒店交谈彻夜不归。看到同事们都在用异样的眼光看着自己，玛丽内心委屈极了。但她有自己的做事原则，那就是只要自己是清白的，别人怎么说那只是别人的看法。

随后一段时间，大家也觉得安妮所说之事经不起推敲，也就没人再提了。几个月后，玛丽因为业绩突出，又被升了职。

玛丽因为内心有自己的行事原则，不被他人的言语左右，成为自己真正的主人，最终又升了职。要知道，没有一个人的生活与自己是完全相同的，自己的思想是独特的，我们理应接受它，这样才能活出真正的自我。

康德说：“每个人都是自己的主人。”他想要表达的就是，每个人都有自由支配自己生活的自主权，这个自主权不受任何人、任何事物的影响。

所以，我们要做自己的主人，就要尽量靠自己内心的信念来左右自己，无须掺杂别人的任何意念或要求。

一味跟随他人脚步，将会迷失自我

人生由一个又一个的选择组成，失败或成功往往就在一个决定间。

有一个人在饭桌上因为点餐举棋不定，正当苦恼于选择哪一道菜的时候，突然灵机一动，对服务员说和隔壁点一样的吧。谁知道等菜上来的时候他懊恼不已，因为隔壁点了一道他最讨厌的菜，顿时心情大跌。

这只是生活中很常见的一件小事，从这一件小事上就能看到一个人的主见程度，盲从之后的结果不一定是好的。

一艘游船上，有些来自各个国家的商人，正在举行一场多边贸易的洽谈会。这个时候，意外发生了，游船开始缓缓下沉。船长马上委派副船长去做好应急措施，让商人们都穿好救生衣，准备跳船。可是副船长费了半天的力气劝说，众人只是一片惊慌，就是不敢跳海，没办法，船长只能亲自来劝说。

没想到，众人听了他的话后纷纷弃船而去。副船长吃惊地询问船长是如何做到的，船长微微一笑："非常简单，对于英国人，我说跳水是一项利于身体健康的运动；告诉法国人，这样做是非常时尚的一件事；对于德国的商人，我告诉他们必须服从这个命令；对于美国商人，我说你们都有保险，为什么不跳；最后到中国商人那里，我问他们，不跳船逃命，家里的父母谁来养。"

这个船长相当于企业中的职业经理人，在遇到问题的时候需要用最快、最好、最有效的方式执行。显然，只有一腔热情是远远不够的，船长之所以能成功地将船上不同国家的商人说服，是因为他灵活利用了经济学当中的一个词语——差异化管理。各国商人所存在的差异是显而易见的，用相同的方式解决将很难达到目的。这从另一个方面说明，这些商人都不会盲目地跟从，都有自己的想法。

这个故事也许有些夸张，这个我们可以不去追究，但在现实生活中盲目跟从的人还是大有人在。

盲目地去跟随他人，肯定会失去自我，失去思考的空间，一味跟随他人的脚步，生活也不会有半点乐趣可言。

在求职面试过程中，人常常都会犯一个同样的错误，就是不能做真正的自己，一味地揣测和附和考官的心态，总是想对方要的答案是什么，怎样才能将这道题回答得接近完美。

其实，面试你的人心里早有一把尺子，衡量着你对做真正的自己的尺度，是否能秉持自己的本性来工作，而不是在这里敷衍了事。因为在工作当中，如果你表现出来的是另一种面貌，那么你得到的结果也一样是被炒鱿鱼。

坚持做最出色、最真实的自己，永远不要随波逐流，否定自己来承认他人的做法是最愚昧无知的。如果连你都怀疑自己了，那么还会有谁来肯定你呢?

一定要去拓展自己的知识面，成功者的经验我们可以学习，但是如果生搬硬套却不一定适合你。给自己多一些信心，遇到事情，别人的意见可以参考，但是不能要别人做决定，培养自己的独立自主意识。

在追逐梦想的过程中，当初的设想总会与现实有些格格不入，但是你不能为了迎合大众而改变自己，遇到事情首先要做的是思考而不是盲从。

那么多别人，你又能讨好几个人

生活中，可能会有这样的人——他绝对是众人眼中的老好人，每个人说起他来都会点头称赞，对待家人从来都是任劳任怨无微不至，对待朋友也是真诚相待，哪怕他对待一个路上遇到的陌生人，也会尽自己最大的努力去帮助对方。他从不会因为自己所受的辛苦和委屈而有任何抱怨。

这种人似乎很完美，因为他有一颗善良无私的心。但是心理学家却认为，这种对他人过分友善的行为可能是一种病态。工作中，我们肯定有去讨好某个人的时候，特别是在领导面前，行为举止也大多会在意领导的眼光，办公室里常常会上演在老板面前点头哈腰的一幕。

但是那种一味地只想着去取悦他人的人，也要为此付出昂贵的代价。这种人似乎总是处于一种不安全的状态，不相信自己，他们不能承受生活带给自己的压力和失败，而且讨好他人的时间越长，就会越发感到自己被孤立。就像巴巴内尔在他的《揭开友善的面具》一书中写的："极端无私是一种用来掩盖一系列心理和情感问题的性格特征。”

在工作中肯定是需要讨好他人的手段的，因为一个人能力超群并不代表这个人就一定能得到老板的青睐，你的能力比他人强只能说明你是一个好员工，一个优秀的工作人员。老板会赏识你的工作能力，但是会不会器重你，还要综合其他因素，比如你的人格魅力。

我的一个朋友小王家里很有钱，大学毕业进了一家贸易公司工作。她自身条件其实很优越，但是因为从小就对出口贸易感兴趣，才找到了这家公司。

刚进公司时，小王表现得异常热情，对每个同事都非常有礼貌。出于对他们的尊重，小王每次有什么问题要请教的时候，总会热忱地称对方为“老师”，因为她觉得这是对他人最大的尊重。但是同事们都觉得这个称呼非常别扭。

有一天，小王为了答谢多日来同事们对她工作上的帮助，决定请他们吃饭。同事们都以为就在普通的饭馆之类，没想到居然是一家五星级大饭店，这让同事们都面面相觑，惊讶得不行。结账的时候，服务员给了小王一张接近三千元的账单，小王二话不说直接付钱，在座的同事觉得这顿饭太贵，都不好意思了。

出了饭店时间还早，小王又说请大家去 KTV 唱歌，但是同事们听了都连连摆手，以各种借口推辞离开了。

在以后的日子里，小王每天都会给他们送各种各样的小礼物，每次送的东西都不便宜。同事们自然也不好意思一直收她的礼物，也不好拒绝，于是只能又买了东西还礼。渐渐地，小王的这个举动让周围的人越来越反感，后来到了只要小王说要买什么东西大家都直接拒绝的地步，而且还和她保持了一定的距离。

遭到周围人冷落的小王心里十分纳闷，她对每个人都这么好，为什么大家会对她这种态度呢？

其实，小王不知道，工作中重要的不是如何去讨好他人，而是怎样去提高自己。如果你只知道盲目地去讨好周围的人，反而会失去周围人对你的尊重。

你去讨好这个人的时候，也就证明了你不如这个人。与其这样不情愿地讨好别人，不如将更多的时间花在强大自身上。

讨好他人也需要灵活使用，不是对谁都一味地奉承，你将自己的尊严都丢弃了，还指望谁会来尊重你呢？这些人只会觉得你就是一个没有能力的人，一个只会卑躬屈膝没有自我的人。所以，讨好他人一定要慎重。

不懂审视自己，才让内心的迷惘遮掩了心智

国学大师钱穆在其《人生十论》中说：“每个生命都是圆满的、纯真的，这就是佛教中所说的‘如来藏’。‘如来藏’的意思是从娘胎里面所带来的觉悟性，但是世人却不知道这个觉悟性的可贵，一味地向外处去寻找，最终使自己长久地处于迷惘之中，不知所向。”

他的意思是说，每个人自身都是一座取之不尽、用之不竭的宝藏，它就存在于人的本性之中。只不过迷惘的人不知道自己竟然如此富有而已，反而一味地向别人乞讨。就好比我们在做学生的过程中，刚开始时需要老师指引，一旦老师把方法教给你后，剩下的就要靠自己的领悟能力去寻找答案了。如果你一味地指望老师的指导，不懂得去淡定地审视自己，主动地去开启自己的智慧，那么，你的内心就一定是迷惘的。

有一位乞丐，衣衫褴褛地在路边靠行乞生活了三十多年。

一位陌生人经过，这位乞丐机械地举起他行乞的杯子，可怜兮兮地说：“行行好，给点儿钱吧。”

陌生人问道："我没有钱，也没有什么东西可以给你。"然后看看他的身后，问道："你坐着的箱子里是什么东西呢？"

乞丐回答说："从我记事起，我就一直坐在它的上面，只是一个旧箱子而已，里面什么也没有。"

陌生人问道："你没打开过箱子吗？为什么不打开看看里面是什么呢？"

乞丐回答道："不用打开了，里面什么也没有！"陌生人坚持道："打开看一看吧！"

乞丐这才试着慢慢地打开锁在箱子上的生锈的锁，令人意想不到的事情发生了，箱子里面装满了钱物。

乞丐行乞三十多年，因为没有停下来检讨一下自己的行乞行为，使自己的人生过得极为悲惨。如果他能用一点点的时间来审视自我，审视自己拥有的东西，也就不会迷惘地在人群中行乞了。

芸芸众生何尝不是如此，因为不懂得去审视自己，所以才让内心的迷惘遮掩了心智，从而忘掉自己的本心、本性原来是如此的富足。然后，又让自己忙忙碌碌、糊里糊涂、穷困潦倒地奔波在人生的道路上。所以，我们要审视自身的本心、本性，发掘自身潜藏的无穷智慧。

有这样一则故事：

毕业不久的李丽成为了教师。她在上课时发现，有些学生对她讲课的内容不感兴趣，甚至在她上课时会打瞌睡或者玩手机。她感到很沮丧，开始怀疑自己的教学能力。于是，她进行自省，开始回顾自己的教学方法和内容，分析学生的需求和兴趣，寻找教学中存在的问题和不足。她发现，自己的教学过于单调和枯燥，不能充分调动学生的主动性和参与性；没有与学生建立良好的互动和沟通；没有关注学生的个性和差异。这让她意识到，自己需要改变教学方式，增加教学的趣味性和实用性，从而激发学生的兴趣和动力。她还要尊重和关心每一个学生。于是，她开始尝试使用多媒体、案例、游戏等手段来丰富教学内容，举办能够引导学生主动思考、讨论、展示、合作等活动，她还及时给予学生反馈和鼓励，关注学生的情感和困难。现在，学生对她讲课的内容越来越感兴趣，他们积极参与教学过程，并且用优异的成绩展现出改变教学方式的学习效果和对她高度的满意。她在教学中收获了成就感，并且对自己更有信心了。

李丽的案例说明了自省在提升自我和改进工作中的重要性。李丽能够意识到自己的问题和不足，勇于面对并且解决问题，不断地改进、创新教学方式，从而满足学生的需求和兴趣。她的努力得到了学生的认可和支持，也让她有了成就感，并且更加自信。这个案例告诉我们，只有不断地反思和改进自己，才能不断地提高自己的能力和水平，从而实现自我价值和社会价值。

做人最重要的是能够清醒地认识自己，发掘自身的潜能，并有勇气和魄力去把它激发出来。如果一个人连自己是谁都不知道，连自己存在的价值都感到迷茫，他又将如何在生活当中寻找快乐呢？

对付流言蜚语最好的方式：做自己往前走

鲁迅曾经在《并非闲话》一文中写道："对于谣言，我是不会懊恼的，如果懊恼，每月都得懊恼几回，也未必能活到现在了。"谣言止于智者，那些正直聪慧的人是不会被谎话所蒙蔽的，而制造传播流言者大都是一些心灵不够阳光的阴险之人。既然如此，我们又何必太在意这些人的说辞，身正不怕影子斜，做好自己该做的事，让那些流言蜚语都见鬼去吧！

俗话说，谁人背后不说人，谁人背后无人说。随着网络的迅速发展，各种流言蜚语在虚拟的世界里肆意传播。歌星杨坤被谣传"吸毒被抓"，武侠小说泰斗金庸被"去世"二十余次，央视节目主持人白岩松被"辞职"的虚假新闻在网络上比比皆是。

这些谣言本都是些无中生有、歪曲事实的谎言，造成的伤害却不容小觑。中国无声电影的代表人物阮玲玉深受流言所害，因为情感的变故，一些关于她盗取钱财、不守妇道、三角恋爱的污蔑和谩骂不绝于耳，最终摧毁了她的意志，她在事业最辉煌时期选择了自杀，留下了"人言可畏"的四字遗书。

我们无意讨论遗书的真伪，但是流言蜚语的杀伤力之强、危害之大，可见一斑。一个人的误解，就足以让我们感到委屈，更何况是铺天盖地的无端指责和恶意污蔑呢。我们没有办法管别人怎么说，我们只能选择在面对流言时的态度：是置之不理，还是自我毁灭。

我的嫂子是一名中学老师，我听她给我讲过一个她们学校老师的事情。她有个同事叫李丽，除了日常的授课工作外，还热心公益，私下里义务帮助贫困家庭的孩子辅导功课。

李丽在学校很受学生欢迎，每年都会被评为优秀教师，也因此遭到不少人妒忌。一个同事无意间知道了她在校外补课的事，便在背后诋毁她，说她背着学校领导在课外开小班挣外快。结果，一传十，十传百，谣言竟也为众人所相信，甚至学校领导还找李丽谈了话。尽管她再三解释，还让她辅导过的孩子出面澄清，可仍然没人相信她。

后来，她家人也听说了这件事，起初也不相信，可说的人多了便不能不信。丈夫怀疑她私藏小金库，或是背着他有外遇，不然家教挣的钱为什么没交给家里？百口莫辩的她几近崩溃，每天精神恍惚，表情呆滞。她在学校的工作表现一落千丈，家庭也走到了破碎边缘。

越是优秀的人往往招致的流言越多，如果对这些流言耿耿于怀，不仅会影响生活和工作，也有可能酿成悲剧。我们生活中总有一些人，他们不思进取却总是躲在阴暗角落里故意制造事端，蓄意中伤那些比他们优秀的人。此时，如果我们对这些魑魅魍魉太过在意，就恰恰落入了阴险的圈套。

做人就要出淤泥而不染，只要你问心无愧，行得端、坐得正，就不需要把那些流言蜚语放在心里。更为重要的是，即使你失望委屈，即使你用自我伤害的方式，依然堵不住这些人的嘴。唯有做一个更好的自己才是对那些流言最有力的回击。

在美国，有一位女子得了一种怪病——马凡氏综合征及脂肪代谢障碍。她的身体无法储存脂肪，体重只有 26 公斤，瘦得像一具骷髅。她的右眼完全失明，各种生理缺陷不胜枚举。

由于古怪的外表，她自幼就受到各种嘲讽和排挤。在十七岁时，她在社交网站上无意间发现一部短片《世上最丑的女人》，而女主角竟然是她自己。原来，有人把偷拍她的视频放在了网上，并以“史上最丑女人”为噱头来吸引网民关注。这部短片的点击率很快就突破四百万次，对她的流言蜚语更是铺天盖地般袭来：“为什么她长成这样父母还肯要她”“用火烧死她”“她应该自行了断”……

她没有选择在这些恶语重伤中沉落，而是用网络力量以暴制暴。她申请了自己的社交账号，在网络上分享自己的生活。订阅人数瞬间超过了三十万。她还把自己的经历拍成纪录片，不仅在网络上分享，还搬上了大荧幕。除此之外，她力推国会通过首款反欺凌和污蔑法案，以此来保护那些和她有相同遭遇的人，并希望通过这样的方式让他们重拾信心。

人活在世，被流言蜚语所伤在所难免，我们想让自己收获更多的快乐，就不要在乎别人的说三道四。换言之，别人对你的中伤，也恰恰说明了你的优秀和与众不同。既然如此，就不要让他们失望，在沉默中积蓄力量，做一个无可非议的人。

著名舞蹈家、脱口秀节目主持人金星在其散文集《掷地有声》中有这样一段话："对付流言蜚语，最好办法就是向山顶上走。等你走到山顶了，他们的唾沫星子根本伤害不到你。"一个人只要乐观豁达，光明磊落，就不会被流言所击垮。如果你有笑看风云的胸怀，有直冲云霄的气魄，那么任何流言蜚语都奈何不了你。

你站在桥上看风景，看风景的人在楼上看你

每个人的生活都有着自己的剧情，都有着独特的精彩。我们之所以觉得不幸福，就是因为我们总是在羡慕别人，总是觉得别人的生活才是自己真正想要的。当你以仰望的姿态，去垂涎不属于你的幸福时，不仅察觉不到别人也有苦涩的一面，更无法体味到那些你正在拥有的甜蜜与美满。

著名诗人卞之琳在《断章》中这样写道："你站在桥上看风景，看风景的人在楼上看你。明月装饰了你的窗子，你装饰了别人的梦。"人可以看风景，也可以成为风景；人可以见明月装饰了自己的窗子，也可能毫无察觉地成了别人梦境的装饰。

不同的人生可以相互装饰，不同的生活可以相互点缀。我们总是在羡慕别人，却忘记了我们自己也会是别人羡慕的对象。那些因为紧盯着别人而被忽视的所有，也可能就是为别人所羡慕不已和梦寐以求的。

男人抱怨说，下辈子要做女人，可以不用出去打拼；女人抱怨说，下辈子要做男人，可以不用照顾家庭。普通人羡慕明星富

豪，可以住别墅、开豪车，可以在聚光灯下光彩夺目；明星富豪又会羡慕那些平凡的人，可以过自己想要的生活，每天都能睡一个安稳觉。

殊不知，每个人都有着自己的缺憾、苦涩和辛酸，而我们所羡慕的往往都是别人光鲜的一面。假如有一天你真的能够成为那些让你羡慕的人，或许你就会发现，他们身上曾经让你眼红的东西其实并没有想象中美好。

有一部四分钟的网络短片，在网上突破了千万的点击量，有的网友甚至说这部短片彻底改变了他的人生态度。

一个衣衫褴褛的棕发小男孩儿，穿着一双已经露出脚趾的破旧鞋子。他因此遭到了周围人嘲笑："这也算是鞋子？从哪捡来的？一定是从垃圾箱吧！"

别人的嘲笑让小男孩儿羞愧不已。他默默地来到了溪边的小桥上。他回来时，发现长椅上正坐着一个衣着光鲜的小男孩儿，脚上穿着一双高档的新球鞋。他低头看了看自己从鞋子里露出的半个脚掌，自尊心又一次受到伤害，于是找到一棵大树，在树下坐了下来。

他脱掉了鞋子，将它们套在手上，像是在操纵着两个手偶一样，自言自语地说："为什么我们会这样，这不公平！"

"我知道，可是，我们什么也改变不了！"

"我不想像现在这样，我希望能像他一样！"

小男孩闭上眼睛，心中反复地默念着："我想像他一样，我想像他一样……"

也许是上帝听到了他的心声，奇迹真的发生了。当他重新睁开眼时，他和那个拥有新球鞋的小男孩竟然互换了身份——此时的他正坐在长椅上，脚上穿着一双崭新的高档球鞋。

正当他为美梦成真而喜出望外的时候，一个老者推着一个轮椅来到了他身旁，亲切而略带忧伤地说："亲爱的，你准备好出去玩了吗？"原来，那个拥有新球鞋的小男孩双腿残疾，只能靠着别人的帮助才能出行。此时，他后悔不已，可一切都已经迟了。

而在不远处，另外那个男孩虽然穿上了破鞋，却在兴奋地奔跑着、欢笑着……

小男孩的遭遇又证明，再普通的人也有着足以让别人羡慕的资本，只是自己没有发现而已。当小男孩为自己破旧的鞋而沮丧时，有人还在把行走当成一种奢望。而当他最后失去了健全的身体和生活自由时，一双完美的新球鞋又有什么意义？

幸福如水，冷暖自知。我们不要去羡慕别人的生活，珍惜眼前的一切，过好自己的生活才是重中之重。

众所周知，非洲有很多优秀的长跑运动员，其中包括哈利默父子。

在哈利默成名之前，他们生活得非常清苦。在其他国家帮助下，他们家乡的很多人种起了庄稼或是做起了矿产生意，生活都得到了很大改善。可是，哈利默父子依旧过着贫寒的生活。在数年时间里，父亲一直带着儿子专心练习着长跑。

尽管有很多人对父子俩说三道四，可他们却不为所动，更不会去羡慕别人的生活，而是依旧执着于自己的梦想。后来，小哈利默成为一名优秀的长跑运动员，先后在非洲锦标赛和世界锦标赛上夺魁。当小哈利默出现在电视屏幕上的时候，那些曾经看不起他们的人都羡慕不已。

小哈利默在总结成功经验时说，他之所以能够取得成功，就是因为他和父亲从来没有理会过别人优越的生活，他们始终在努力做好自己的事。

羡慕别人往往是期待自己能够更加完美，期待自己的生活可以变得更好，但是不管我们如何努力，别人的生活我们永远无法效仿。我们有着自己的境遇，有着自己的生活，按照我们特有的方式就足以创造出炫目的辉煌，何必去羡慕别人？

曾经看到过这样一段话：“一个人总是仰望和羡慕着别人的幸福，一回头，却发现自己正被仰望和羡慕着，其实每个人都是幸福的。只是，你的幸福，常常在别人的眼里。”你并非不幸福，只是你永远活在别人的阴影里。当你勇敢地不再去羡慕别人时，生活中那些鲜有的美好也就会如期而至。

相信自己，为心灵注入一剂强心针

世界上没有一件事是“可能”的，也没有一件事是“不可能”的，事情一开始谁都不知道结果会怎样，“李宁”广告词说得好：“一切皆有可能。”即使我们真的碰到了“不可能”，也只是暂时没有找到解决问题的方法而已。

人人都希望自己能有一个成功的人生，但大多拥有负面情绪的人心里却持着这样一个信念：大多数人是不可能成功的，成功是少数人的专利。并且敏感的人总爱把自己归为那大多数人。

仔细思考一下，你也在其中之列，你也这么认为吗？

如果真是这样，你的内心已经被负面情绪占据，你就怀疑自己的能力，甚至怀疑自己根本没有能力去实现，“不可能”便成了你为各种障碍所找到的“合理”解释，结果导致你的内心孱弱无力，即使你真有能力也可能不行。

难道真如我们所认为的，成功是“不可能”的吗？事实上，是决心而不是环境在决定我们成功的。成王败寇完全取决于你自己。思想家爱默生说得好：“相信自己‘能’，便攻无不克。”

决心决定态度。

态度决定行为。

行为决定结果。

的确，不管在怎样的境况下，愿意相信自己“能”、始终相信自己是一个成功者、认定自己是赢家、从来都不怀疑自己的人，他们能够在不经意间给自己注入一针强心剂，最终，让心愿得偿。

在 1954 年之前，人人都认为 4 分钟跑完 6 英里根本就是不可能的事情。但英国选手罗杰・班尼斯特却将这个“不可能”的魔咒打破，终其原因就是因为他总是默默地对自己说：“是的，我能！”

瑞典人根德尔・哈格曾经在 1945 年跑出 4 分 01 秒 04 的“极限”成绩，此后八年没人能够打破这一纪录。在这沉寂的八年中，就读于牛津医学院的罗杰・班尼斯特发誓要突破 4 分钟极限。尽管遭到了别人“不可能”的否定，但班尼斯特却时常这样告诉自己：“是的，我能！”他独自坚持训练着，风雨无阻。

终于在 1954 年 5 月 6 日，班尼斯特打破了关于“极限”这个概念。当他打破这一纪录时，现场的解说员这样说道：“世界纪录诞生了，3 分 59 秒 04，班尼斯特创造了人类壮举，成为了人类突破自身极限的永恒象征。”

那一晚上，班尼斯特出现在伦敦电视台。对于自己的成就，他很淡然地说：“人类的精神就是永不服输的精神，我深信自己能够打破这个纪录，并不断地这样暗示自己，久而久之便形成了极为强烈的信念，最终实现了这个‘不可能’。”

罗杰·班尼斯因为始终相信自己，经常用“是的，我能”提醒自己，他不畏惧困难，艰苦训练，最终成功打破了世界纪录，赢得了众人的尊重和欣赏。人生如此，该是何等的洒脱、何等的惬意。

“意焦”这个词是心理学上的专业术语，“意焦”的意思就是注意的焦点。如果我们把注意力多放在“可能”上，我们会想尽一切办法解决困难，而不是“找借口”，进而取得成功。

瑞恩·希里杰克是加拿大一个普通的男孩，一天，这个一年级的小学生听老师讲述了非洲的生活状况：因为贫穷，非洲大多数孩子没有玩具，他们的童年是在缺少食品和洁净的饮用水中度过的，更有甚者因为长期饮用不洁净的水而死去……一放学，他就迫不及待地冲回家，对妈妈说：“70 加元（约合人民币三百六十元）就能帮非洲人打一口井，妈妈，您能给我 70 加元吗？”

“不，瑞恩，70 加元太多了。”妈妈告诉他“我们家没有这个负担能力。”妈妈期待瑞恩会慢慢淡忘这件事，但他每天睡觉前都祈祷能让非洲人喝上洁净的水。无奈之下，妈妈让瑞恩在承担正常家务之外自己挣钱，吸两次地毯挣两加元，帮家里擦玻璃挣两加元，帮邻居捡暴风雪后落下的树枝……

四个月后，瑞恩终于攒够了 70 加元交给相关慈善机构，然而对方告诉他：挖一口井要 2000 加元（约合人民币一万元），70 加元只够买一个水泵。妈妈叹了口气，对瑞恩说：“靠干家务怎能赚那么多钱呢，孩子，你已经尽力了，但你真的不能改变什么。”

“不，我能，”瑞恩态度坚决地说道，“只要每个人都做出努力，就能够改变世界。”瑞恩思虑再三，决定找同学们帮忙，他在讲桌上放了一只水罐，让大家把自己节省下来的零钱放进去，他还请求妈妈给家人和朋友发了电子邮件，很快便有人回信了：“我很感动，我想捐一些钱帮助瑞恩。”不久后，瑞恩的故事就被刊登在了肯普特维尔的《前进报》上，题目就叫《瑞恩的井》。

就这样，瑞恩的事迹在加拿大广为传颂，受瑞恩的影响，人们纷纷加入“为非洲孩子挖一口水井”的活动中。五年过去了，这个梦想竟成为千百人的一项事业，因此，在缺水最严重的非洲乌干达地区，超过半数的人已经能喝上洁净的水了，为此，媒体称这个普通的男孩儿瑞恩为“加拿大的灵魂”。

在做事情之前，我们一定要把“不可能”这种消极的心理暗示抛弃，利用“是的，我能”的暗示，反复激发自己的信心，将意焦集中在“可能”上，思考自己是否真的想尽了一切办法、用尽了一切可能。

需要指出的“是的，我能”不是自信心爆棚的表现，更不是不切合实际的盲目乐观，而是一种激励自我战胜困难的表现，从而保证自己以高昂的斗志迎接各种困难和挑战。

你想战胜内心的负面情绪吗？你想拥有无比强大的内力吗？你想取得辉煌的成就吗？那就在心里多念几次“是的，我能”将之运用到实际生活和工作中去，如此你会发现，你也可以成为内心强大的人，成功没有什么不可能。

无论做什么，为自己就要毫无怨言

“无论做什么，记得是为自己而做，那就毫无怨言。”这样励志的语言我们已经听过了很多很多。其实，在我们拥有了这样的心态之后，自身的气场也会变得强大起来。比如，我们在工作的时候，如果只是抱着应付差事的想法去做，就会给人一种懒散、不积极的感觉；而我们看到很多的老板或者成功人士，他们在做某件事情的时候总是表现得很积极，而且似乎没有任何怨言。同是做一份工作，为什么会有这样的差别呢？

主要原因就是，老板在工作的时候总是想着这是为自己而做，这是自己的事情；而某些员工就不同，他关心的可能只是要把分内的工作做完，关心的只是自己的待遇，这是两种截然不同的立场。所以我们看到，那些老板或者成功人士的气场总是要比员工的气场强大。

李晓萍是一个平凡的姑娘，但有着不平凡的身世。她出生在农村，在自己刚出生时，母亲由于难产离开了人世，之后她与父亲及有智力障碍的哥哥相依为命。在她十五岁的时候，父亲由于一场车祸去世了，从此家里就只有她和哥哥两个人。

为了照顾哥哥的生活，她一个人做两份工作，每天早出晚归，省吃俭用，但她始终面带笑容，没有丝毫怨言。

有一个老板知道她的身世后，被一种无以言表的气场深深地打动了，于是他问李晓萍：“你每天的工作都这么累，生活的压力还这么大，难道你就没有一点怨言吗？”

李晓萍微笑着对自己的老板说：“我的所作所为只是为了我自己，哥哥是我生命的一部分，我觉得我做的这一切都是应该的，谈不上什么怨言不怨言。”

是的，如果把每一件事都看做是自己的事情，那么在做的时候还会有什么怨言呢？

在这个案例中，李晓萍面对巨大的生活压力，她没有妥协，也没有放弃，让她毫无怨言地坚持下来的，就是她把照顾哥哥看成自己的事情。因为李晓萍没有怨言的坚持向老板展示出很不一样的气场，所以才会打动老板。

人生总是要经历波折后才能登上高峰。但是有时候，可能经历了很多的低谷，也不一定会踏入辉煌，这时人们难免会产生一些怨言。要知道，没有人能够预料到会发生些什么。对于那些内心强大的人来说，他们所看到的并非只是一件事情是否成功，他们会认为，无论做什么，只要是为自己而做，就要毫无怨言。所以，他们总是拥有一个平和的心态，正是这种平和的心态让他们的内心变得强大。

“无论做什么，记得是为自己而做，那就毫无怨言。”这句话看似轻巧，但又有多少人能真正明白其中的道理呢？在这个世界上，当我们面对困难的时候，我们是否总是带着抱怨和怒气去做呢？我们是否真正能够静下来想一想，我们做这样的事情，究竟是为了谁？一个冠冕堂皇的借口总是让人丧气，而一个真实的目的总是让我们充满力量。

第四章

别把简单的问题复杂化：为情绪统统做个减法

你总是后悔莫及，却又不懂珍惜

我一直很喜欢电影《大话西游》里面的一段台词："曾经有一段真挚的爱情摆在我面前，我没有珍惜，等到失去后才追悔莫及。"抛开电影故事不说，从这句话中我们可以看到，主人公的追悔莫及的原因不是没有得到幸福，而是幸福一直在身边，却没有发现，没有珍惜。

一个人在婚前会对自己的另一半非常崇拜，但婚后却会开始变得互相挑剔起来，总觉得这个人和自己心中的期待的渐行渐远，没有了婚前怦然心动的感觉。其实不是他变差了，而是你的心态产生了变化。

婚姻的幸福感就是这样，在你没有得到的时候会有一种强烈的期待感，当你得到的时候你会觉得自己是这个世界上最幸福的人，但当你步入婚姻生活后，当初的那种幸福感又被你远远抛在了脑后。

随着结婚时间的增加，夫妻俩在日常生活中遇到越来越多的问题，双方对一起走向共同的未来的信念也开始有所动摇。这个时候，很多人都会觉得他们的另一半完全不是婚前相爱时想象的那个样子。

我有一个很让人发愁的妹妹。她让人发愁的不是家庭困难，生活条件不好。恰恰相反，是因为生活条件优越。我妹妹齐玉从小在部队大院里长大，关系要好的女生有五六个。她们年龄相仿，陆陆续续都结婚了。结婚时，她的老公算一堆男友里最优秀的那一个。身高将近一米九，外貌俊朗，而且是个公务员。朋友经常跟她开玩笑，动不动就说要抢她的老公之类，她听着心里美滋滋的。

随着时光的推移，老公往日的俊朗渐渐不复存在，大家看习惯了，也不再称她的老公是帅哥了。她心里渐渐产生了失落感。聚会时大家热聊的话题变成了谁买了“联排别墅”“大奔”，还有谁谁的老公开的公司盈利值达到了多少。每每聊到这些，她心里就开始不平衡起来。朋友们都安慰她，说她老公的工作稳定，虽然不会赚到什么大钱，但是很悠闲。她听完这些话更觉得心里别扭，她认为说一个人悠闲就意味着这个人没用。

他们夫妇周末应好友之约一起去吃饭。好友的老公只有不到一米七的身高，与好友恋爱时连说话都结巴，现在却当了总经理，全身都是名牌，话语间透着轻蔑。我妹妹为此感到十分沮丧，以身体不适为由提前回家，一路上她都没怎么搭理老公。

后来她又跑到我这里，和我大发牢骚。对于她的这些牢骚话，我规劝过很多次，让她做自己。日子是过给自己的，总和别人攀比怎么可以。世上有的是比你有钱的，也有的是比你落魄的。但我妹妹永远也听不进去，和老公三天一小吵五天一大吵。

人不要一味地沉浸在最初得到幸福时的回忆里。一味追求幸福最高点时的感受，只会忽略爱人的关爱，把微小的矛盾扩大化，从而更加感受不到幸福。

婚姻中的人千万不要因为得到太多而忽视幸福，不要使感官的味蕾丧失对幸福的敏感。不要轻易说自己的对象这不好那不好，其实往往不是因为你的对象不好，没有给你幸福，而是你在幸福中变得麻木了。当你固执地摆脱“不幸福”的现状后，也许你又会后悔自己做出了这样的选择。所以一定要理性看待自己，千万不要用别人的幸福标准来衡量自己，否则，只能让自己和幸福失之交臂。

有些人总喜欢用这样的口吻来说自己的对象：“看你那样子！除了能干点家务活，你什么都干不了，你看看咱们邻居，一年能挣个几百万，人家天天出没于各种高级会所，你的无能造就了我！”如果夫妻中有一方能挣上个几百万元，他又会说：“你一天就知道工作，也不知道带我出去玩，人家其他夫妻总是去旅游，你有陪过我吗？”如果夫妻相处较多，他又会说：“你也不帮我干点家务，整天就知道上网、看电视，我每天这么累，你都不懂得体谅体谅我？看别人老公都心疼自己老婆，总是帮着做家务，哪像你啊！”

步入婚姻生活与恋爱是不同的。因为婚姻生活赋予夫妻双方更多的是责任感和亲情。若他们一味追求恋爱时的感觉，就会对现状产生不满，逐渐也就失去了幸福感。其实，根本就没有失去什么，他们彼此还是和恋爱时一样相互关心，相互呵护。所以人一定要懂得知足，你要始终觉得你得到的是最好的，你的婚姻生活是幸福的。不要一味地让挑剔阻挡了你幸福快乐的阳光，破坏了你美好和谐的家庭。你要相信自己的选择始终是最好的，不要因为自己的挑剔和不满足而觉得不够好。

有位哲学家曾说：“每一种事情都变得非常容易之际，人类就只有一种需要了——需要困难。”有了困难，才知道挣钱辛苦；有了困难，才知道家庭对自己是多么重要。在通往幸福和富裕的生活时，千万别忘了粗茶淡饭的三餐，别忘了遇到困难时相互扶持的日子。只有忆苦，才懂得思甜。

大部分人，不是不幸福，只是得到的太多，没有意识到要珍惜。幸福是需要彼此之间相互提醒的，因为我们常常忽略了身边的幸福，正如那句老话“身在福中不知福”一样。人们经常以为已经永远失去了幸福，其实错了，幸福一直都在你身边，抓住它，别让幸福溜走。很多时候，并不是他人没有给你幸福，而是你少了一颗感受幸福的心。

怀着爱吃青菜，别怀着愤怒吃海鲜

我们在生活中，不太容易原谅别人，尤其是那些曾经伤害过我们的人。说不定在昨天或者很久以前，他无意中伤害了我们的心，于是我们便会久久不能释怀。可是，不原谅又有什么用呢？仇恨只能让你变成一只作茧自缚的蚕，将自己束缚在吐出的烦恼丝之中。

曾经有位哲学家说过，原谅是堵住痛苦的唯一方法。唯有原谅他人，才能让自己的心情更舒畅。冤冤相报何时了，这样做不仅解决不了问题，只会让双方陷入永久的痛苦中，而宽容才能治愈这种内心的伤痛。

海格力斯是古希腊神话中的一位大英雄。一天，他在崎岖的山路中踩到了一个东西，这个东西阻碍了他的去路，他恼羞成怒，想把这个东西踩死。可意想不到的是，这个东西非但没死反而越来越大，最后挡住了所有去路。

有位智者在这个时候突然走了出来说道："不要踢它，你要远离它，甚至不许记住它！因为它叫仇恨，你忘记它的话，它就会像当初一样小；你侵犯它，它就会膨胀起来，挡住你的路，与你敌对到底！”

仇恨和敌意让我们与周围的人筑起了一条沟渠，而宽容和善良则是跨越的桥梁。待人宽容是一种美好的品质，宽容了别人的同时也给自己留下了舒缓的空间。

教育家霍姆林斯基曾经说过：“有时宽容引起的道德震动比惩罚更强烈。”宽容有时是一种艺术的惩戒，一种无声的教育，在帮助犯错误的人改正错误的同时，还能维护对方的自尊。

如果你无法原谅伤害你的人，而是一味地怨恨，那么最终会让自己未老先衰，失去了幸福。曾经有人将怨恨比喻为“一条环抱在胸前的毒蛇”，认为它恶意的毒液会伤害到你，甚至结束你的生命。所以，为了自己的幸福和快乐，我们也应该把怨恨的情绪丢开，试着去接受对方。就像有位哲人所讲的那样：“怀着爱心吃青菜要比带着愤怒吃海鲜强得多。”

有了宽容，才能克服不良的情绪，才能做到心态平和，不再有嫉妒心。这是一种良好的生活态度，并且是一个人美好的个性品质。

有一天，我看到这样一个新闻，很是好笑：

一个外地的年轻人来Z城旅游，他拿着地图上了一辆公交车。走到售票员面前，他问道：“请问去XXX在哪里下车？”

售票员是个年轻女孩，正在低头玩着手机，她头也没抬，说道："你坐错方向了，要到对面去坐。"本来这话说到这里就可以了，但女孩又补了一句："拿着地图都能坐反，还看个什么劲儿。"

旁边的一位大爷听到女孩的语气很不高兴，他对年轻人说道："你不用往回坐，前面换成XXX路公交车就可以。"大爷要是话说到这里停止了也很好，既树立了良好的市民形象又帮助了年轻人。但大爷又紧跟着说了一句："现在的年轻人，没一个有教养的。"

车上有很多年轻人，大爷的这句话打击面太广了。旁边的一个年轻女孩忍不住反驳道："大爷，没教养的毕竟是少数，你这话一说，我们都成什么了。"女孩的话反驳到这里也就可以停止了，但她接着又说道："像大爷您这个年纪的，很多看着慈眉善目的，但一肚子坏水的也多了去了。"

女孩的这个打击面也不小，这时车上一个大妈说道："你这姑娘怎么说话的，你和你父母也是这样说话吗？"大妈说完，女孩也不吭声了。但大妈觉得没尽兴，又补了一句："看来现在的年轻人是没教养，瞧你那样子，估计你父母也管不了你。"

女孩听完就不干了，随后俩人吵了起来。

售票员听到这里不耐烦了，大声喊道："都别吵了！再吵都给我滚下车吵去！"

整个车厢这时都炸了锅。有骂售票员的、有骂年轻女孩的、有骂大妈的……

大文学家维吉尔曾这样告诫人们："无论遇到什么事，命运终将被忍耐战胜。无论发生什么事情，我们都应该首先考虑退步忍让。"在现实生活中，每个人都不可避免地要和别人交往，交往则免不了磕磕碰碰。此时，大家若不知忍让，不去克制，与对方撕破脸皮，那么很可能小事化大，麻烦不断。

“小气者斤斤计较，常戚戚。大气者大开大合，坦荡荡。”一个人有了退让，就不会被认为是一介粗鲁的武夫；有了退让，就会有广阔的人缘和未来。换一句话说，如果想培养一份大气之美，想拥有更好的生活和未来，你就得学会适时适当地让步。

《菜根谭》里说：“径路窄处，留一步与人行；滋味浓的，减三分让人尝。”凡事让步，表面上看好像是损失，但事实上由此获得的必然比失去的多。

别和自己较劲，活出你的洒脱与淡定

面对同样的事，为什么有的人能够应付自如，轻松潇洒，自己却总是力不从心，屡屡受挫？

其实，那些活得轻松自如、洒脱淡定的人，并非由于他们的无可挑剔而有如此成就，而是由于他们能够把握得住“进退”的界限。当面临“不可进”的情形时，他们懂得退后一步，然后再换一个角度想办法让自己前进。这样一来，成功就不是那么复杂和困难，而我们的人生也不必如此纠结了。

一位登山运动员参加了攀登世界第一高峰——珠穆朗玛峰的活动。我们知道，珠峰最高海拔为 8000 多米，但这位运动员在爬到 6000 多米的时候，因为身体出现了不适，就放弃了攀爬。

很多朋友都为他表示遗憾，这个说：“哎呀，你都已经走了四分之三的路程了，为什么要放弃呢？”那个说：“如果能咬紧牙关挺住，再坚持一下，或许就上去了。要知道，有多少人梦寐以求站在珠穆朗玛峰上啊！”

面对众人投来的惋惜之情，这位运动员却不以为然，他平静地对大家说："其实，我心里很清楚，6000 多米对我来讲已经是我登山生涯的最高点，根据我当时的身体状况而言，那已经是极限了。如果我再继续爬，那么很可能会丢掉性命。难道我会和自己的生命开玩笑吗？所以，对于中途退却，我一点都没有感到遗憾。"

这位运动员的话确实很有道理，而他的做法也值得我们学习。当我们到达一定程度，无法再前进，或者再往前走很可能会让自己惨不忍睹时，不妨退一步，这才是明智的选择！

换句话说，每个人每件事或许都存在一定的极限，我们不能掰着柳树要枣吃，也不能明知山有虎偏向虎山行。虽说突破自我很有必要，但是这种突破并不是建立在鲁莽和无知基础之上的。美国总统林肯曾经说过这样一句话："自然界里的喷泉，其喷发的高度不会超过它的源头。"这句话的意思就是，事物本身存在着突破口，但并非任何人都能够穿过突破口，创造极限。也就是说，每个人都有最大的承受能力。像案例的这位年轻人，他懂得自己的生命所能承受的极限，因此淡然自若地做自己能做的事。这样做，谁又能说他不是一位胜利者呢！

"当行则行，当止则止"，要告诫我们的正是这样一个道理。

聪明的做法是，我们要及时了解自己的能力，承认自己的不足。在此基础上，我们才能做到量力而行，不莽撞，不遗憾。

幼年时期的格里格·洛加尼斯是一个十分害羞的男孩，又因为他说话有些口吃，所以在阅读与讲话方面不尽如人意，一度被归在学习最差学生的行列。

不过，洛加尼斯是一个很聪明的孩子，小学没毕业，他就发现了自己在运动方面强于他人，而这是他特有的天赋。认清这点后，洛加尼斯减轻了些自责，并开始专注于舞蹈、杂技、体操和跳水方面的锻炼，由于自身的天赋和努力，洛加尼斯果然开始在各种体育比赛中崭露头角。

可是，升入中学后，洛加尼斯发现自己有些力不从心了，因为无论是舞蹈、杂技、体操、跳水，都需要辛勤的付出，他不可能有那么多时间和精力去做这么多事，常常感到力不从心，而且这些事情自己仅仅能做到差不多，离优秀还有一段距离。

后来，在恩师乔恩——前奥运会跳水冠军的指点下，洛加尼斯认识到自己在跳水方面更有天赋，便接受了跳水专业训练。

经过长期地努力，洛加尼斯终于在跳水方面取得骄人的成就：十六岁成为美国奥运会代表团成员，二十八岁时已获得六个世界冠军、三枚奥运会奖牌、三个世界杯和许多其他奖项；1987 年作为世界最佳运动员获得欧文斯奖，达到了一个运动员荣誉的顶峰。

很为洛加尼斯感到庆幸，他没有一味地在某一个方面和自己较劲，而是选择了另辟蹊径的做法。不难想象，如果在学习上与别人竞争，那么到现在他或许也只是个普普通通的人。因此，我们说，洛加尼斯是幸运的，而他的幸运是建立在自己懂得取舍、懂得退让基础之上的。

由此可见，无论我们身在职场，还是驰骋商界，都不要认死理，适当地退一步，或许就能看到别的可以前进的道路，任何时候都不要忘了条条大路通罗马。只要我们能最大限度地发掘自己的长处，那么就能收获内心的充实和坦荡，拥有“非同寻常”的人生之旅，这样的人生才称得上精彩绝伦，难道不是吗？

无论得与失，我们都能描绘出美丽的人生篇章

通常来讲，我们在得到某件东西或某项成就之后，总不免有喜悦之情涌上心头；而如果是失去某件东西或某项成绩，那么我们就会陷入深深的沮丧当中。成则喜，败则忧，这是人之常情，任何人都不可避免。

但是，有成就必然有败，有得就必然有失。一个人在成功和得到时可以纵情欢乐，但在失败和失去时却很少能够将悲伤情绪合理排掉，这也就是我们看到一些人在股市崩盘之后选择跳楼轻生的原因了。

《大腕》这部电影是冯小刚导演的成名作，剧中讲述了北京青年尤优为国际大导演泰勒承办葬礼的故事。因缘际会，尤优认识了国际名导演泰勒，并得到身体每况愈下的泰勒的承诺，替泰勒举办一场别开生面的葬礼。

为了把葬礼办好，尤优找到好友路易王。在路易王的策划下，

两人将泰勒的葬礼完全办成了一场捞钱的表演。随之在葬礼即将举办、两人即将成为百万富翁之际，却得到了泰勒病情好转的消息。尤优为此躲进了精神病院，路易王更是因受不了这心理落差的刺激，一下子疯了。

剧中人终归是表演，但道理确实很现实。我们的生活中充满了赢得起输不起的人，这些人在成功时不懂得收敛，以至于纵情声色，失败之后又不懂得调节心绪，从而一蹶不振。这样的人即便一时成功，也不可能保护好自己的成就。

那么一个成熟的人应该怎样看待成败呢？《庄子》里面有一句话："得而不喜，失而不忧。"得到了不必狂喜，失去了也不必耿耿于怀、忧愁哀伤，无论是得是失，永远保持一颗淡定超然的心，只有如此，才可以称得上是一个做大事的人，才有权利享受上天赐予的成功人生。

得而不喜，失而不忧，这是一种非常高的人生境界。拥有如此人生境界的人，相信无论是处于铁瓦金銮的朝堂，还是处于茅顶土坯的江湖，都能够泰然自若。古代著名的医学家李时珍就是一个这样的人。

李时珍，蕲州人（今湖北省蕲春县），明武宗正德年间生，因为家中世代行医，李时珍从小就奠定了良好的医学基础，后来他来到皇宫成了一名太医。在太医院，李时珍见到了人世间最富贵繁华的景象，接触了人世间最显赫高贵的人，然而这一切并没有令他沉醉，他明白自己要的是什么——成为一名好医生。

后在因缘际会之下，李时珍离开了皇宫。在离开皇宫之后，李时珍仍然可以过着富贵的生活，然而他没有那样去做。他选择深入民间，到那些最贫苦、最卑贱的人当中嘘寒问暖，救死扶伤。从朝堂到民间，从太医到乡土郎中，李时珍没有任何不快，仍然一心一意地对待每一个病人，刻苦钻研每一味药方，亲自尝试每一种草药。

几十年如一日的坚持，终于让李时珍实现了自己的抱负，他编撰了中华历史上最伟大的一本医书《本草纲目》，并因此载入史册为后世所敬仰。

在当今社会，像李时珍这样看淡得失的人已经越来越少了，也正因为如此，才使得社会中算得上成功的人也越来越少。因为大多数人都把自己的快乐和忧愁建立在得失之上，得到了就非常高兴，一旦失去就过分忧虑，甚至为了少失去多得到，不惜牺牲自己的道德和尊严。

人之所以会那么重视自己的得失，是因为我们已经将人生是否成功，完全与物质的得失等同起来。比如说，租房子住的人觉得有房子住的人比自己幸福，有房子住的人觉得住别墅的人比自己幸福，而住别墅的人也以为别人比自己幸福。就是这样，每个人都感觉自己是不幸福的。因此，每个人都拼命地去争取更多的东西，让自己的生活更加“幸福”。然而，物质的增加永远都不会让我们的心灵得到满足，反而会让我们受到物质的负累。

佛家说“贪、嗔、痴、慢、疑”是五毒，论起对人心智的伤害程度，物质的贪婪是在第一位的。一个贪婪而又没有自控能力的人，即便获得成功也不过是昙花一现。

一个没有什么财富的人，过着简简单单的生活，其人生未必不快乐、不充实。然而有一天他中了百万大奖，一夜之间就暴富了。有了钱，自然就要想怎么去花，一下子，他的欲望之门就被打开了。他不再精打细算地过日子，而是整天为去哪些高消费的餐厅发愁；他不再为每天上班几点出发才能赶上公交而发愁，干脆直接买了一辆轿车，他的生活完全改变了。

然而不久之后，因为过于膨胀的欲望，中奖的钱慢慢被他挥霍一空，他再次过起了清贫的日子。可是，他的心却再也感受不到以前那种简单的快乐了。因为他吃过了山珍海味，就不想再吃萝卜白菜了；他坐惯了轿车，就不想再挤公交了。但山珍海味和轿车毕竟已经成为过去，他只能陷入现实的苦恼中无法自拔。

其实他这种苦恼完全是自找的，试想，如果他一开始对暴富就保持一种良好的心态，那又怎么会有这种情况发生呢？

我在一篇文章中看到了一个心态很好的人：

某公司一个小职员，一直过着安分守己的日子。有一天，他闲来无事用两元钱买了一张彩票，但没想到真的中了大奖。因为平时就喜欢跑车，于是他用奖金买了一辆跑车，整天开着车兜风。

然而有一天不幸来临了，他的车子被盗了。朋友们得知消息后都怕他受不了这一打击，便一起来安慰他。可看着前来安慰自己的朋友们，他却哈哈大笑对朋友们说：“如果你们中有谁不小心丢了两块钱，会悲伤吗？”众人面面相觑。他接着说：“我用两块钱买了彩票，然后得到了车，现在车丢了，不就是两块钱的损失吗？”

一反一正，这位小职员的心态值得我们所有人学习。其实，人这一生的荣辱都是做给别人看的，跟自己并没有太大的关系。只有自己过得幸福，才是人生的真谛。“不以物喜，不以己悲”。得之，我幸；不得，我命。用这种宁静平和的心态对待人生的起伏，那么无论是得还是失，我们都能够描绘出美丽的人生篇章。

主动吃点亏，以后的路还很长

吃亏是一种比较高妙和有远谋的处事方式。主动吃些小亏，可以帮你交到好朋友，帮你得到更大的利益。想请朋友帮你办事，自己首先要吃点儿亏，这样朋友会觉得欠你一个人情，才会更为尽心尽力地为你办事。

吃亏是福。主动吃亏不仅是福，还是一种态度，一种品行，一种风范，更是一种淡然，一种乐观，一种超凡。而被动吃亏却是一种被迫接受的后果，一种不得已而为之。同样是吃亏，却有着很大的区别。

张先生是一家服装店的老板，由于他售卖的服装质量都很好，价格也合理，所以生意一直很红火。有一天，他发现店里的一批衬衫有质量问题，这些衬衫的纽扣容易掉落。他马上联系了供货商，要求退货或换货，但是供货商却推诿不肯承认错误，拒绝张先生的要求。张先生很生气，但是他也没有办法，只能自己承担损失。他把这批衬衫全部下架，还在店里贴出了公告，向之前购买过这批衬衫的顾客道歉，并且承诺可以无条件退换或赔偿。张先生这样做虽然很吃亏，但是他赢得了顾客的信任和好评，店铺的声誉也更加高了。

在你主动吃亏时，你就成了施予者，而对方就成了得到你恩惠的接受者。表面上来看，是你吃了亏，对方得了利益。然而，对方却欠了你一个人情，情感的天平已经向你倾斜，你与对方就有了更深的情意。

当然，“亏”也不能乱吃，要讲究方式方法的。有的人为了相安无事去吃亏，吃暗亏，最后会给自己带来很严重的后果。而且这个亏，我们要吃在明处，要让对方清楚地看到，自己为他付出的努力。只有这样，对方才能铭记你对他的好。

只要留心观察我们的生活，就会发现“主动吃亏”是一个非常有哲学的处世原则。现实生活中，经常会有那些好贪小便宜的人，最后往往会在大事上吃亏。

主动吃亏可以为你赢得一份深厚的友谊，可以为你寻得一个重要的商机。主动吃亏虽然会失去一些眼前微不足道的东西，却会得到对方的尊重，也会赢得好的声誉和长远的利益。

你在做事情的时候，主动地去承担责任，不去计较眼前的小利益。虽然你吃了些小亏，但却拥有了良好的声誉和口碑。当误会解除之后，对方自然会帮助你，为你付出。

在北京工作时，我认识了一个朋友叫宋瑞。有次一起吃饭时，他和我说起了几年前他在公司里的事。那时候，宋瑞还只是个公司采购部的职员，当时，他所在部门的经理被提升到总公司任职。但因为走得比较仓促，有几笔账目还没有处理清楚，新来的经理把责任推到宋瑞那里，非常严厉地批评了他，并决定扣除宋瑞全年的奖金。

其实，事情的责任并不在宋瑞，是公司的副总委托原来的部门经理办的，当时宋瑞并不知情。宋瑞觉得老经理对自己不错，为他承担点事情也是应该的，所以他没有为自己辩解和争论，很平和地接受了新经理的批评和惩罚。

后来，新经理知道了事情的原委，才知道错怪了宋瑞。他一方面觉得对不住宋瑞，另一方面又对他非常赞赏。

新经理认为宋瑞是一个豁达、有忍耐力的人，只要稍加培养，将来定会有成就。新经理向总公司推荐宋瑞，最终宋瑞成了部门的副经理。

在工作中，遇到事情时，你可以主动承担责任，主动吃些小亏。这样一来，你才能向领导还有同事都展现你的豁达，你的忍耐，从而会赢得好的声誉，可能还会因此受到领导的赏识和器重，成为你晋升道路上的推力。

当你在与对方进行合作时，你总愿意主动吃一点亏，自己少得一点，多让一些利给对方，那么对方就愿意与你保持长期合作的关系。因而，你不仅没有吃亏，还会因为你的主动吃亏而得到更大的利益。

当你的生意做得不好时，还主动地让对方多得，自己少得。这就更能显示出你的一种度量，一种气度。正是你的这种“主动吃亏”的行为，会让对方对你有好感，并愿意与你继续合作，这样你的生意就会越做越大。

在对方有难的时候，用物质帮助对方，再用真情实意去安慰对方。当时你可能是吃了一些亏，但是，日后对方一旦发达了，必然会加倍地回报你。这都是因你主动吃亏而得来的。

在与人交往时，无论遇到什么事情都主动地吃一些小亏，是很有必要的。比如，在一起吃饭时，主动为对方付钱；在办公室工作时，有什么大家不愿意做的事情，你主动请缨；在大家不愿意加班的时候，你主动替对方加班。

主动吃些小亏，看似是不起眼的小事情，久而久之你就会收获大的回报。因为你的那些小小的付出，别人是看得到的。

生活无非两种：活得很累或活得潇洒

人生是多种多样的，每个人都有自己的活法。但是，归结起来，无非也就两种：一是活得累，二是活得潇洒。在人生的旅途中，随时可能会发生各种不顺心的事情，高考失利、下岗失业、晋升无望、怀才不遇、生意翻船、家庭破裂等等。种种坎坷都会因为主观愿望与客观现实的矛盾，引起强烈的心理情绪波动，甚至心态失衡。在这样的情况下，有的人不择手段，铤而走险；有的人满腹牢骚，咒天骂地，甚至抨击一切……这都是活得累的人。

另外一些人则平心静气，理智地看待困难、挫折和痛苦，用积极的态度寻找治疗自己苦闷的良方。他们随遇而安，顺应自然，环境再怎么恶劣，他们也都不放在心上，而是专心于自己的工作和生活。这些都是哲人，是能够活得潇洒的人。

老子曾说："人法地，地法天，天法道，道法自然。"世界上最大的法则是自然法则，人的法则其实是最小的。所以，顺其自然才是人类的生存之道。

万物的枯荣有其规律，花儿不会永远开放，树叶不会永远青翠，就连月亮也不会永远盈满。它们都必须遵循自然的法则。自然的法则是博大的，也是残酷的，茂盛也好，枯萎也罢，随着时间的流逝，终究是要消失的。而在现实生活中，人的外貌、权力、财富、名誉都不过是过眼烟云，人应该学会顺其自然地活着，如果刻意追求反而会被其所累，最终迷失自己，陷入无尽的烦恼之中。

在生活中，能够顺其自然的人，一定是豁达的、开朗的，我们也应该让自己豁达一些，因为豁达我们才不至于钻入牛角尖，才能乐观进取。我们还要让自己开朗些，因为开朗我们才有可能把快乐带给别人，让生活中的气氛更加愉悦。

在一座寺庙中，后院的草地都枯萎了，显得很荒凉。小和尚对师父说："师父，我们赶紧买些草籽种上吧。"

师父说："不用着急，等什么时候有时间了，我再去买一些草籽。任何时候都能播种，着急有什么用呢？随时！"

到了中秋的时候，师父把草籽买了回来，交给小和尚，对他说："去吧，把草籽撒在地上。"天上起风了，小和尚一边撒，草籽一边飘。

"不好，许多草籽都被吹走了！"小和尚说。

师父说："没关系，被吹走的多半是空的，撒下去也发不了芽。没什么可担心的。随性！"

草籽撒上了，许多麻雀飞来，在地上专挑饱满的草籽吃。小和尚看见了，惊慌地说："师父，不好了，草籽都被麻雀吃了！这片地再也长不出小草了。"

师父说："没关系，草籽够多，麻雀是吃不完的。明年这里一定会有小草的。随遇！”

夜里下起了大雨，小和尚久久不能入睡，担心草籽会被雨水冲到别的地方。第二天，雨停了，小和尚跑出去一看，很多草籽都被冲走了。于是他马上跑进师父的禅房说：“师父，草籽被冲走了，长不出小草了。这可怎么办啊？”

师父不慌不忙地说：“草籽被冲到哪里就在哪里发芽，不用着急。随缘！”

没过多久，后院的角落里居然长出了许多青翠的小草。小和尚高兴地对师父说：“师父，太好了，我种的草长出来了！”

师父点点头说：“随喜！”

小和尚的师父是一位懂得人生乐趣的人。凡事顺其自然，不必刻意强求，反倒能有一番收获。“随时、随性、随遇、随缘、随喜”，简单的十个字，却道出了人生的大智慧。如果一切自然随意，那么人生还会有太多的东西让你寝食难安、愁眉不展吗？生活中有许多的不如意，我们都为自己周围的客观条件所限制，无法改变，此时不妨就顺其自然、随遇而安。这样你也可以找到一份心灵的宁静与快乐！

日本有一位禅师，法号白隐。他不仅道行高深，而且生活朴素，具有很好的名声，深受当地百姓的敬仰与称颂。

白隐禅师所在的寺院附近住着一户人家，家里有一个非常漂亮的女儿。有一天，夫妻俩发现女儿怀孕了，认为好端端的一个黄花闺女，竟做出这种见不得人的事，实在是家门的耻辱。夫妻二人不断逼问女儿那个男人是谁，女儿怯怯地说出了白隐禅师的名字。

夫妻二人来到白隐禅师的住处，狠狠地将他骂了一顿，骂他不守清规戒律，道德败坏。可是，白隐并没有生气，只是若无其事地说了一句 :“只是这样吗？”

等孩子出生后，那位姑娘的父母就将孩子送给了白隐禅师，让他抚养。这件事给白隐禅师带来了很大的负面影响，几乎使他声名扫地。但他并没有因此放弃孩子，而是悉心照料孩子，四处乞求婴儿所需要的奶水和其他用品。即便多次遭到别人的白眼和羞辱，但他总是泰然处之。

在白隐禅师的细心呵护下，婴儿渐渐地长大了，成为一个非常可爱的小孩。孩子的妈妈再也忍受不了良心的谴责，于是就把实情告诉了父母——孩子的父亲另有其人。她的父母非常惊讶，立即带着她来到寺院，向白隐禅师道歉，请求原谅。

可是，白隐禅师还是像当初那样，不温不火，淡然如水，更没有趁机抱怨他们，只是轻轻说了一句 :“只是这样吗？”

在生活中，我们也常常会被人误会或指责，如果你去解释或还击，往往会把事情越闹越大，不如向白隐禅师学习，不去争辩，不去理会，顺其自然，这往往是最好的解决办法。佛学中讲，不要用抗争的心态面对这个世界。凡事以对立的心态对待，唠叨抱怨就不会停止，如此便难以用宽容的心来看待和接受他人的不同见解，于是就很难活得快乐。宠辱不惊，得失无意，凡事只要自然就好，不需要在意更多的外在形式，这样可以获得身心的安宁、惬意、舒适与安逸，幸福的生活也会随之而来。

从现在开始，发现生活中的那些美好

人若能知道自己不需要什么，既是一种智慧，也是一种幸福。试想我们的生活中究竟需要些什么？不过衣食住行加上自己的情感与爱好，如果这些东西没有限定一个范围，那就成了一个人买电视，黑白换彩电，23 寸换 32 寸，再换家庭影院，无限制地升级下去，但其实他看得最舒服的那个，也许不是最贵的。他的房子里也放不下这么多电视。最后他烦了，随便选了一个放在客厅，看上去也不比他人差。

仔细想想，我们不需要的东西，远比需要的东西多。就拿爱情做个例子，你是需要很多优秀的异性对自己痴迷，为自己付出，还是希望自己的心上人能够喜欢自己，与自己一起生活？答案是明显的，很少有人愿意留恋不喜欢的东西，而喜欢的东西，都是弱水三千的某一瓢，只要这一瓢喝到口中，其他的不过是过眼云烟，有或没有都不重要。

人们都说，女人的衣橱里永远少一件衣服。

我的妹妹就是这样一个喜欢买衣服的女人，尽管她家的两个大衣橱都已经挂得满满的，她还是每天都在烦恼同一个问题：今天又没衣服穿。其实她的很多衣服都只穿过一次，甚至没穿过。她每个月定期的活动就是为自己选购新衣服，每次都满载而归，又每次都不满意。

有一天，上司通知她去山区工作，爱美的她原本准备拿几件衣服，没想到通知下得太快，机票就定在第二天凌晨，她根本没有机会选择，只从衣橱里随便抓了两件。

一个月后，她从山区回来，我打趣她说："这个月只穿那么两件衣服，是不是很憋屈？"她说："不会，我的红风衣已经成了我的标志，远远走过去，大家都知道是我。现在想想，以前在衣服上浪费的时间还真多，现在才知道衣服少一点，我也照样活得很好。"

很多人愿意承认自己需要的东西不多，例如女人总说自己想要的衣物不多，只是在选择的过程中，需要找到最适合的那一件，就要买很多件来尝试。在生活中，这种说法无处不在，人们都说，只有经过对比，才能知道什么最合适，什么最好。

人们常常觉得自己的生活被不需要的东西填满，生活就像一个眼花缭乱的大衣橱，让自己无从选择，只能胡乱搭配，这个时候，人们宁可自己的衣橱小一些，衣服少一些，至少能让自己快速选择，而不是面对上百个选项，光是看这些就要用去半天时间。

对有智慧的人来说，幸福不在于拥有一个仓库，而是能在仓库里拿到最贵重的宝物。只有这宝物才能给你最好的感受。人只有一双手，要知道自己最重要的东西是什么，牢牢地捧住，才算没有辜负生命。否则丢了西瓜拣芝麻，丢了黄金拣铂金，到最后手中剩下的，也许是最没用的一个，你根本不想要。

贪婪带来生活的苦涩，因为贪婪让你对任何拥有的东西都产生不满，认为它们不够好，总想要找一个更好的。它们的实际价值被你大大贬低，你占据它们，它们却让你更加不幸福，这个过程还会不断重复，你会一直寻找下去，直到找不到为止。难道非要在这个时候，你才肯看一眼自己已经拥有的东西，察觉它们的可贵吗？知足常乐，只有从现在开始接受现状，发现现实中的美，才能让你体会到真正的幸福。

忙里偷闲，且喝一杯茶去；苦中作乐，再斟两壶酒来

有句话说：“再长的路，一步步也能走完；再短的路，不迈开双脚也无法到达。”偷闲才可以让我们走出樊笼，得到出乎意料的畅快。偷闲可以让我们在繁忙中体会到那一份无法比拟的舒心，也能够让我们在疲惫之时享受到全身心的放松。忙里偷闲，是为了更好地忙，忙里偷闲就好像是将自己置身于维修站中，修整已经不堪重负的身躯，然后甩掉那些挂在心灵上的大小包袱，为自己充电，接着轻装前进。忙里偷闲等于停在加油站加油，填补的是动力，只有动力充足了，才能够走更远的路。

在一家饭店门前有这样一副有趣的对联：为名忙，为利忙，忙里偷闲，且喝一杯茶去；劳心苦，劳力苦，苦中作乐，再斟两壶酒来。我们常常感叹自己活得太累，过得太苦，因为我们的眼睛总是喜欢紧紧盯着上面，常常以物质的丰腴、名利的高低作为衡量幸福的标准。可是当我们真正拥有了金钱、名利以后，并不一定能感受到幸福的滋味。为了维持自己所谓的幸福，我们依旧

得忙碌、奔波、劳累，而这些忙碌、奔波、劳累，又总是让我们觉得没有得到理想中的幸福。岁月可以消磨掉我们所有的雄心，当迟暮之年回过头来才会发现，真正能让我们感到幸福的，其实是当下那份实实在在的拥有，就好像是忙里偷闲的一杯茶，苦中作乐的两壶酒。

有一次，我在约旦旅游，到一个小镇去寻找古遗址。但四周都是荒漠，赶了一段很长的路，也没有看到尽头。当时，我一心想尽快到达目的地，一路上只顾埋头走路，累得精疲力竭。眼看就要到达终点了，我终于松了口气。就在这时，我感觉到自己的鞋里有一粒小石子磨得双脚很不舒服。

其实，我刚开始赶路时，就感觉到那粒小石子在鞋子里硌得脚疼。但是那时，我一心忙着赶路，不想停下来浪费时间，干脆就不去理会。

直到快到终点，我才舍得停下急匆匆的脚步，心想快要到了，还有多的时间，还是脱下鞋子，把那粒小石子从鞋子里倒出来，让自己轻松一下吧。

就在我低下头弯下腰准备脱鞋的时候，我的眼睛不经意间地瞄向了路两边，竟然发现沿途的荒漠和凄凉的景色异常美丽。而自己这一路走来，心思只停在赶路上，压根儿没有留意到，这一路，怕是错过了不少美景呀。

我脱下鞋子，将那粒小石子拿在手中，不禁感叹道："小石头呀！原来这一路不停地刺痛我的脚掌心，是为了提醒我慢点儿走，留意生命中的美好啊！"

我有了这粒小石子的提醒，最后好歹还算得以醒悟。那么，同样生活在尘世中的人们呢?

在都市紧张繁忙的生活中，很多人都像上足了发条一般，在快节奏中步履匆忙。我们每天忙着处理各种事务，忙着满足自己的各种欲望，花费大量时间和精力把我们从物质世界赢来的一件件物品堆砌起来，看着不断增多的胜利品，我们以为这就是幸福。然而，大多数时候，我们得到的只是另一个现实世界，里面满是比较、茫然、疲惫、烦恼，甚至绝望，唯独缺少拥有后的快乐和满足。于是我们困惑了：难道这一切就是我们苦苦追求得到的结果吗?

我们每天行色匆匆，来不及欣赏城市的风景，甚至与亲朋好友相处的时间都越来越少，只为了追求所谓的幸福。但很少有人思考，追求的幸福是什么，追求幸福的脚步这么匆忙，是否就会与幸福擦肩而过?

让我们偶尔放慢脚步，轻轻地走过每天都要走的路，安静地欣赏路边的一树一花，慢慢地拉着爱人的手回家，好好欣赏周围的一切，也许一直寻找的幸福就在下一个转角。

停下来，试着放慢脚步，你就能发现许多平时不曾注意到的美好。卸下对生活的种种担忧，放下对“得不到”和“已失去”的执着不舍，好好把握已经得到的幸福，这才是人生最珍贵的东西。此时此刻所拥有的，才是世界上最真实的幸福。

正如罗丹所言：“生活中不是缺少美，而是缺少发现美的眼睛。”我们根本不必费心地四处寻找，美本来就是随处可见的。给忙碌的自己放个假，放松心情，从记忆深处找出那些没有压力、使你感到愉快的经历。在回忆中慢慢安静下来。你会发现，这个让自己安静下来的过程，本身就是一种乐趣。把平日里的烦扰和压力丢在一旁，只用心静静体会快乐的感觉和幸福的滋味，或许那种快乐和幸福都是淡淡的，但你要相信，能被珍藏在记忆深处的，一定是真正的快乐。先慢下心来，抛去欲望和执念，耐心地等待静谧心情的到来。心静下来了，浮躁的心情开始远去，随之而来的是一份舒适自在。

我们周围常会有这样一群人的存在，他们工作勤奋、努力，但是脾气暴躁，生活也因此变得混乱。他们只顾匆匆赶路，常常忘了欣赏路边的风景和周围美好的事物。久而久之，他们变成了只会工作不会生活的人，越来越不幸福。不幸的是，这样的人似乎越来越多了。在如今这个高速运转的快节奏的社会里，人们常常因为走得太快而错过很多美好的风景，失去的直接是一份生命的美好体验，多么得不偿失呀。无论你的目的地在哪里，都要记得：请偶尔放慢脚步，静下心来好好欣赏路上的风景，因为有时候，幸福就是躲在安静背后的一道风景。

第五章

心境决定心情：
训练情绪，让它更加理性化

加强抗压性，潇洒应对各种挑战

俗话说，人无压力轻飘飘。适度的压力能让人在生活工作学习中保持一种紧张的状态，有利于提升我们做事的效率。但随着社会不断发展，人身上所负担的压力也越来越重，沉重的压力成为了人们身心健康的杀手，它让人心情郁闷、感到窒息。因此，现在的人要通过一些方式来提高自己的抗压能力，就显得特别重要。

一个人的抗压性取决于心理素质和对生活的态度。我们需要及时更新自己的观念，纠正自己的行为，调整生活的理念，让我们的生活变得轻松。可以说，提高抗压的能力是我们必须掌握的一门生存技能，具体措施如下：

一、要始终保持积极乐观心态。

不管发生什么，让自己尽可能地开心应对。哪怕得到了自己不愿意接受的结果，也要不停地告诉自己："没什么大不了，一切都会过去的。"让自己多一些满足和欢愉的体验，培养自己从生活的细微之处去发现快乐的能力。英国心理学家夏洛特指出，积极乐观的心态能在清晨给予人们起床的动力，使人们愿意为了自己的前途和目标而努力工作。如果我们能保持这样一份美好的心情，用十足地干劲去做任何事情，那么我们的压力就会减轻。

二、做自己力所能及的事。

不要事事追求完美，更不要好高骛远，不要给自己定下不切实际的目标。毕竟一个人的能力是有限的，我们需要清晰地认识自己当下的能力和水平。如果我们做一件超出自己的能力范围的事，那么失败的概率就会增大。一旦我们失败了，就容易对自己的能力产生怀疑，更容易产生急躁、焦虑等负面的情绪，影响我们工作和生活。

陈华曾经在一家世界五百强的公司工作。她由于有显赫的工作经历，在进入一家新公司时，就有一种优越感。于是她向领导毛遂自荐，希望能够独自完成公司的年终业务分析报告。

陈华用了两周的时间，终于完成了报告。但是，由于她对公司核心业务的流程以及报表系统的操作方式等工作内容还不是很熟悉，使得这份年终业务分析报告的内容非常空洞，甚至没有突出重点，而且报告中引用的很多数据还出现了错误。

领导看到这份报告，在公共场合对陈华进行了批评教育，这使得她无地自容。从此她背上了沉重的心理负担，在公司做任何事都怕出错，甚至每天走进公司大门就心跳加速，感觉浑身无力。

三、不要活在别人的眼里。

每个人的经济实力、生活境遇都不同，我们无法效仿别人的很多事，尽管如此，我们还是会逼迫自己去紧跟别人的节奏，这是因为我们怕在别人面前丢面子，怕被别人看不起。我们常常羡慕别人光鲜的一面，却往往看不到他人背后的辛酸。我们应该寻找自己的闪光点，放大它，就会发现自己也是被他人羡慕的对象。除此之外，别人对你的评价其实没有那么重要，这些评价无论好坏，你的生活始终照旧，你需要按照自己的想法生活，一步一步地前进。至于别人怎么说、怎么看，对你没有任何意义。

四、合理安排休息时间。

很多人总觉得时间不够用，他们经常要加班到深夜，休息日也不能去放松调整。持续紧张的状态会让人身心俱疲，同时会出现倦怠、焦躁等负面情绪，导致心理压力增大。所以，不管平日的工作有多么繁重、生活有多少琐事都要合理安排休息的时间，让自己能调整状态。我们要知道，充足的睡眠和适度的休闲娱乐，不仅不会耽误自己的时间，反而会让我们以更好地投入到工作中去，能够起到事半功倍的作用。

除此之外，我们还可以通过合理的情绪宣泄、适当的体育运动、良好的兴趣爱好来缓解压力。总而言之，只要我们通过适当的方式，注意对内心状态的调整，我们的内心就不会被生活和工作的压力压垮。

古罗马的寓言作家费德鲁斯说："心灵有时应该得到消遣，这样才能更好地回到思想与其本身。"所以，在紧张的工作生活之余，我们也要放松自己的心灵，给身心一起放一个假。不要过分看重眼前的成败得失，不要把自己逼得太紧太急。一个不被压力所困扰的人，才能轻装上阵，潇洒自如地应对各种挑战。

一竿子下去，未必都是红彤彤的枣

很多人总是在忍耐的时候倍感痛苦，这是人之常情。哲人说，忍耐其实不是一种痛苦，真正的痛苦在于你不愿去忍耐。有心人会在短暂的、有时限的忍耐之后，踏实肯干，提升自己的人生境界；而那些不愿忍耐的人，在获得片刻的舒心之后，必将会用一生的时间来面对人生的艰辛，忍耐生活的困苦。

20世纪70年代，美国麦当劳总公司准备进军台湾市场，需要招聘高级管理人员，于是就开始了海选招考。很多有志青年都遭到了淘汰，原因是公司的要求太高。

终于，有个叫韩定国的人入围了最后的角逐。在最后的面试里，麦当劳总裁和韩定国夫妇谈了好久，最后问了韩定国一个出乎所有人意料的问题："要是让你负责卫生间的清洁工作，你愿意吗？"

这个问题有点侮辱人的味道，韩定国还在考虑怎么回答的时候，身旁的妻子幽默地回答道："我们家里卫生间的清洁工作一直都是他做的！"

总裁二话不说，随即就录用了韩定国。麦当劳总裁认为，一个成功的企业家，不仅要能干大事，而且要有忍耐的精神。

后来，韩定国才知道，麦当劳培训员工的基础课程就是做卫生间的清洁工作，原因是服务行业的基本准则是“非以役人，乃役于人”。只有做好小事，拥有了忍耐精神后，才会理解“顾客就是上帝的道理”，进而才能为顾客提供更优质的服务。

现实生活中，许多人在步入社会的初期都拥有远大的抱负，一心想一鸣惊人，而不去做埋头耕耘的烦琐工作。等到某天，那些比他资质差并且起步晚的人，都已经有了一番作为，他才发现自己一无所获。他这才明白，不是上天没有给他机会，而是他心浮气躁，不愿忍受拼搏的过程，最终才会两手空空。

许多年轻人做事的心态都很急躁，总是希望一竿子下去，立即打下红彤彤的枣来。在通往成功的道路上，要学会忍耐，才能更有助于美好结果的到来。

阿基米德是古希腊著名的物理学家，出于一个偶然的机会，他注意到不同的物质具有不同的比重。在发现的瞬间，他激动万分，很想立刻将这一伟大发现公布于世。然而，他忍耐住了，抑制住了激动的情绪，用忍耐的精神埋头研究。

阿基米德经过潜心计算和钻研，最后才公布这条颠扑不破的真理——浮力定律。他也因此成就了自己科学巨匠的角色。

忍耐是成功对你的淘洗和冲刷，它会让你沉淀下来，最终大放异彩。有人说，二十岁的时候，我们受诱于爱情；三十岁的时候，我们受诱于财富；四十岁的时候，我们受诱于地位；五十岁的时候，我们受诱于声望。我们总会由于种种原因而心浮气躁。就像现实总是跟我们开着不大不小的玩笑——越是急着奔跑的人，就越容易摔倒。

种子要是不能经受住在黑暗土壤中的煎熬，就不会破土而出。唯有踏实肯干、去除浮躁的人，才懂得忍耐的真谛，才能扎扎实实，循序渐进，一步一步登上事业的巅峰。

装出好情绪，假装也能改变心情

当你心情郁闷，感到喘不过气的时候，不要一味地压抑自己，适当地释放情绪，大声喊一喊，用力跺跺脚，或者抱头痛哭一场，将内心的苦闷宣泄出来，心情就会有所好转。

还有一种控制坏情绪的方法，叫“装”出好情绪。就是当你感到情绪低落时，给自己一个心理暗示，告诉自己心情很好。最终，你原本只是装出来的好心情会变成真实的感受，在不知不觉间使你忘记了坏情绪。这种通过“装”的扮演过程从而获得真实的好心情，是一种有效控制坏情绪的方法。“装”出好心情是放松身心、从消极转向积极的最有效的方法。

丹丹今年刚二十五岁，但是在她身上看不出任何属于年轻人的青春活力，反而是眉头紧锁，声音低沉，一副萎靡不振的样子。这种状态持续了好几天，这天，丹丹和一位在公司大厦做保安的师傅一起乘坐电梯，师傅看了丹丹几眼说：“闺女啊，你怎么总是愁眉苦脸的，是有什么不顺心的事吗？”丹丹敷衍地说：“啊，叔叔，我没什么，心情不好而已。”

师傅哈哈大笑起来，说：“我以为是什么大问题，我来教你一个办法，保证你以后心情很好。以后不管你遇到什么难事，你都告诉自己，我很开心，哪怕是不开心，你也要装作开心，然后没一会儿，你的心情就会在自己的主动带动下变得开心起来。”丹丹将信将疑地看着师傅。

丹丹下班回家，想要好好休息一下，谁知道她表弟把她的房间弄得乱七八糟，甚至弄洒了她最喜欢的香水，她刚要发火就想起电梯里师傅教她的办法，于是她默默地对自己说：“没什么，我要保持好情绪，我很开心，眼前的这一切都是小事而已！”刚开始的时候丹丹觉得很奇怪，自己就像个神经病。但是这么一想，自己似乎真没那么生气了，反而觉得舒服了点儿。从那以后，只要有什么不开心的事，她就会让自己假装很开心。后来她终于明白了，一个人的好心情取决于最初的情绪选择，所以哪怕心情不好的时候假装一下好心情，也会弄假成真，与好心情结缘。

丹丹之所以能够摆脱萎靡不振的生活，并拥有好情绪，关键就是她学会了“装”出好心情。无论是在工作中，还是在生活中，都可以利用“装”出的好心情来获得真正的好心情。

其实，能够让自己获得快乐的心情也是一种能力。一个能让自己在不快乐的时候依然保持微笑的人，一定是生活的智者。很多人都喜欢“阿庆嫂”，却很少有人喜欢“祥林嫂”，这是因为，大家都需要一种积极、阳光的心态去面对生活。

世界是公平的，没有人会永远事事顺遂，跌跌撞撞才是真正的人生。虽然生活中少不了波折和烦恼，但只要我们懂得调整自己的心态，就能让自己快乐如初。那么，如何才能“装”出一份好心情呢？首先，运用假笑疗法。生气时，可以找一面镜子，对着镜子努力挤出笑容来，持续几分钟之后，你的心情就会变得好起来。实验证明，假笑能触动体内横隔膜，具有很好的热身效应。假笑时，体内横隔膜会将假笑引发成真笑。不知不觉中，你就会由衷地发出笑声了。其次，学会转变角度思考问题。很多坏心情都是钻牛角尖形成的，当你心情不好的时候就尝试换个角度来思考，或许就会有不同的看法和收获。再者，当我们感到烦恼的时候，不妨多回忆一些愉快的事情，用回忆的美好填满内心，溢在脸上，就能“装”出好心情。

松弛自己的神经，累了就该歇一歇

在现代快节奏的生活中，每个人都加快了步伐，为了生计或是梦想，拼命向前跑。为了过上想要的生活，人们总把自己的神经绷得很紧，似乎除了追赶的那个目标，周围的一切都可以忽略无视。整天在焦虑和匆忙中度过，甚至在忙碌中忘了快乐与自己。

的确，想要取得更大的成就与辉煌你必须付出加倍的努力。当你想来一场向往已久的旅行时，却因为没有时间而不能实践。这就是墨菲定律所说的那个怪圈：当你有时间时，总发现自己没有钱；当你有钱时，总发现自己没时间。仿佛鱼和熊掌，总是难以兼得。当自己有了钱也有了闲的时候，恐怕已经韶华不再，步入老年了。那时候的精力、体力，则不允许你远行了。

其实，钱少有钱少的玩法，可以跟朋友一起自助游，选择去不要钱的地方领略风光；时间不够的话，可以选择近一点的地方，带上自己的家人，度过愉快的假期。如果你总是焦虑并感叹，有时间没钱，有钱没时间，那只能说明一个问题：你不会品味生活。只有会品味生活，才能感受到与朋友、家人间的温情，嗅到道路旁花草的清新和芬芳，体会到冷暖于四季中轮回。你可以为了理想去拼搏，但不能一直让自己处于奔跑中。在忙碌之余，放慢自己的步伐，给自己留出释放的时空，给自己一点自由思考的时间，不忽略沿途的风景，感受大自然的静谧，获得一份高远和清新。

李梅梅觉得自己的人生像一杯温开水，平平淡淡。她是一名教师，从毕业到今天，她在这个岗位上有二十余年。李梅梅并非喜欢教师这一行业，因为她不知道自己喜欢什么，也就按照父母对她人生的规划生活着。在她工作两年后，父母认为李梅梅应该嫁人了，于是她便通过相亲认识了现在的丈夫，半年后两人结婚了，然后就是生孩子。

如今四十多岁的李梅梅每当回想往事，就只觉得自己前半辈子只做了三件事，那就是读书、工作、嫁人，她觉得自己后半辈子应该也就这样一成不变地过下去。相比较身边的同龄人，李梅梅的模样绝对称不上老，可她却觉得自己已经老了，心老了。李梅梅都预料得到自己明天的生活，后天的生活，一年后，几年后的生活。没有任何改变，没有任何激情，循规蹈矩，千篇一律。李梅梅也曾想要有所改变，可当她尝试了插花、刺绣、看电视等活动后，仍旧觉得没什么兴趣。

李梅梅看着儿子结婚，然后是孙子的出生。退休后的李梅梅负责带孩子，但新生命的来临并没有给作为奶奶的李梅梅带来太多欢喜。李梅梅越来越习惯一个人发呆，思维与行动变得迟缓，渐渐地，一种了无生趣的念头占据了李梅梅的脑海。待家人发现李梅梅这种如同行尸走肉般的状态时，李梅梅的情况已经很严重了。医生诊断了李梅梅的病情，并将其确诊为老年痴呆症晚期。对于患上疾病，李梅梅也没有表现出惊讶抑或是恐惧，她平静地接受了治疗。只是，李梅梅的症状并没有好转，反而越来越严重，家人明显感觉到李梅梅对生活乐趣的缺失。对于李梅梅的生无可恋，家人想尽了一切办法，无论是药物治疗还是心理治疗，可是都没有什么起色。

迷上摄影对于李梅梅来说是偶然的一件事。当李梅梅看到镜头中捕捉到的大自然的鲜活画面时，一种新生的感觉从心底萌芽，开出花来。李梅梅买了一台相机，在说服家人后，独自上路了。她把自己交给了大自然，沉醉于大自然的一草一花一树叶，全身心地投入到了大自然的怀抱。半年后李梅梅回了一趟家，家人诧异于浑身充满活力的已年过半百的她，并为她的重生感到由衷的高兴。以后的日子里，李梅梅每隔一段时间就会出去，走向大自然，让身心得到放松，感受大自然赋予她的温暖与欢欣。

给自己留出时间去休息与调节，日子才不至于过得忙碌而焦虑。时间是自己给的，轻松也是自己给的，即使生活充满琐碎和繁杂，累了时，就应该放慢脚步，放松自己，让心灵得到缓冲。用心感受这个世界的存在，你会发现人生中有很多东西值得我们静下心来细细欣赏。

诗人巴尔蒙特曾说："为了看看阳光，我来到世上。"大自然是天生的艺术家，连绵的青山、波澜壮阔的大海、一望无际的草原，都足以让你陶醉其中。享受大自然的美好，永远把这份美好珍藏起来。

总之，无论处于人生的哪一个阶段，无论是焦虑还是不愉快，你都应该让心灵得到宁静，用心体验每一个有意义的过程。焦虑并非你所愿，但你可以走向大自然，接受大自然的洗礼，偷得浮生半日闲。

控制不住情绪，敏感将淹没你的心灵

每个人都有自己的缺点和不足，这是无法避免的事情。但是，我们中有不少人会因为自己存在的缺点和不足而感到自卑，一次次拼命地去掩饰和躲避，从而让本来很正常的生活现象变成了心理中比较敏感的地带。“众口铄金，积毁销骨。”很多人的脑海里都会闪现这一句话，他们害怕别人对自己的评价不高，害怕自己成为别人嘲笑的对象。其实，这个世界上，大多数人都是不在意你的，太多的敏感只是你在自找其扰，烦恼自卑的心理是因为你正戴着有色眼镜看世界。

敏感的深层是极度的不自信，走进自卑的心理误区。一个人自卑的特点是感觉己不如人，低人一等，轻视、怀疑自己的力量和能力，而这正是成大事者最蔑视的！那么如何在成大事的过程中，拒绝自卑心理的纠缠呢？

敏感的另一面是为自己的失败寻找借口，极度的不自信和脆弱的自尊心让一个人为自己的失败寻找着开脱的理由。长此以往，不仅于事无补，心灵上反而会走进一个更加闭塞的领域。寻找借口、解释失败是人类的一个通病，有了人类历史的那一天起，也就有了各式各样在敏感支配下的借口。

20世纪80年代中期，他从一个仅有二十多万人口的北方小城市考进北京广播学院。上学的第一天，与他邻桌的女生问他：“你是从哪里来的？”极平常的一句话和一个问题，却成了他当时最大的忌讳。在他的意识里，出生于一个小城市，就代表了土气和小家子气，没有见过什么大的世面，在那些来自大城市的同学面前肯定会抬不起头来。

这个女同学普普通通的一句话，却让他在一个学期之内像沉默的羔羊一样，见到班里的女生总是躲躲闪闪，连一个招呼也不敢去打。在第一个学期结束的时候，同班的女生中，能记起他名字的人寥寥无几。

那个时期，她也在北京的一所大学里上学。

由于自己的身体有些肥胖，大部分的时间里，她都在疑心和自卑中度过。过于敏感的她会疑心同学们在暗地里嘲笑她，评论她难看的身材。

她从来不敢穿裙子，更不敢上体育课。临近毕业的时候，她的学分还没有修满，不是因为学习不努力，而是因为她害怕参加体育长跑测试。老师说：“只要你参加长跑，不管多慢，我都给你及格。”可她还是没有勇气跑。她害怕自己的身体一旦跑起来一定会显得比较愚笨，同学们肯定会在旁边讥笑她。她想跟老师解释原因，但是自卑却让她不知道该如何开口。她只能傻乎乎地跟在老师的后面，没有解释的勇气，茫然不知所措。老师回家做饭的时候，她还是傻乎乎地跟在后面。老师感到很无奈，勉强给了这个小姑娘一个及格的分数。

后来，两个人都进入了电视台工作，在一个电视晚会上，她对他说：“假如我们在一起上学的话，可能永远不会说话。你会认为，人家是北京的姑娘，怎么会看得上我呢？而我却会想：人家那么一个大帅哥，又怎么会瞧得起我呢？”

天下无人不敏感，而成功的人之所以成功，是因为他们能够把敏感转化为前进的动力，不断地鼓励着自己前进。身材弱小的拿破仑当上了法兰西第一帝国的皇帝，下身瘫痪的富兰克林·罗斯福当上了美国的总统，在人类的历史上写下了辉煌的篇章，是因为他们对待敏感地带从来没有敏感过。

敏感的情绪可能会时刻都伴随着我们，我们无法做到情绪上的波澜不惊，但是，我们可以运用自己的聪明才智，把敏感引到一个正确的渠道。我们控制住自己的敏感情绪，就不会让敏感如同泛滥的江河一样淹没我们的心灵，造成无法弥补的后果，也就不会有任何惨痛的事情发生。

自省是一面莹澈的镜子，可以照见心灵上的污点

“吾日三省吾身”是君子每日修身养德必做的功课。它告诫人们要时常自省，时时反省。只可惜，在这个物欲膨胀的时代，能做到的人寥寥无几。我们对别人和外部的世界总是太过关注，却往往忽略对自我的认知。发现自我以外的缺憾并不困难，难的是找到自己身上的毛病。唯有自省，才能使人深刻意识到自己的错误和不足，才能使人迷途知返，不再重蹈覆辙，找到人生正确的方向。

前两年，木制的手串在中国销路很好，于是一些人便铤而走险到某些政局不稳的东南亚国家走私木材。定金交了，该疏通的关系也都打理好了，却被当地警方逮捕了，木料最终还是没运回来，落了个财物两空的下场。

这些人被释放回国以后便整天抱怨，说那个国家的商人不讲诚信，警察像强盗等。他们把别人数落了一遍，唯独没有反省自己的问题。他们为了挣钱，到本来就危险的环境之中去做一些违法勾当，最后不仅赔了钱财，还锒铛入狱，这实在怪不着别人。

网络上有句话说得好，“不作死就不会死”，说的就是这个道理。

对别人再微小的瑕疵，也总能明察秋毫；对自己显而易见的不足和缺点，却总是视而不见。不懂得自省的人，永远是浑浑噩噩糊里糊涂地生活，整天只知抱怨别人的种种不好，却不肯虚心反省自我；不懂得反省的人，总是在同一个问题上反复犯错，总是在同一个坑里来回摔跟头。

在美国，有一位牧师，主持过很多新人的婚礼。他外表看上去非常和蔼可亲，可对自己的儿子却非常严厉，经常因为一点小事就把儿子教训一通。父子俩经常吵得面红耳赤。

在一次激烈争吵之后，儿子选择了离家出走。焦急的牧师找到了当地一位教育学者，诉说自己的苦衷。学者还没开口，牧师就愤怒地细数儿子的种种不是：总和父母顶撞、晚上很晚回家、背地里偷偷饮酒、棒球比赛时打伤了同学等。话没说完，牧师就流下了眼泪——他担心儿子现在的安危，更不知道儿子为什么那么叫人操心。

学者听了他的抱怨，语重心长地说：“你每天都在指责着儿子的不是，让他觉得自己就是一个无法变好的孩子，自己永远不会得到父亲的欣赏和喜爱。儿子变成今天的样子，您有没有想过自己该负怎样的责任？您每天都在为别人祈福，为什么不能对自己的儿子多一些宽容和赞美呢？”

学者的话让牧师恍然大悟。作为一名父亲，他的确非常失职。他一直在埋怨孩子，竟然没想到所有问题其实都出在自己身上。

自省可以引发我们对过往经历，特别是失败经历的反思。在反思过程中，我们可以总结失败的教训，让自己的心灵得到救赎。自省就像是电脑里的杀毒软件，可以把我们内心所有的病毒都扫描出来，并启发我们找到最佳的杀毒方式。随着我们内心越发干净和清澈，生活也会随之变得舒心起来。如果牧师能够多一些自省，或许儿子就不会离家出走，他也就不会那样悔恨和懊恼。

一个人一旦具备了自省的能力，便可以控制自己的欲望和冲动，驾驭自己的思想和心情。因为自省会让人体会到一种来自内心深处的无穷力量，会让人在应对各种挫折和挑战时表现出一种连自己都无法相信的潜力。不仅如此，我们还可以通过自省这面镜子，客观真实地认识自我，获得真正的智慧。

美国著名投资公司GMO在刚刚起步时，公司投资人杰里米为公司招聘了几位新人，其中一位叫杰瑞塔。杰瑞塔看上去非常普通，所有人都不对他抱有希望。可三个月之后，杰瑞塔的销售业绩却名列前茅，这让杰里米非常意外。

原来，杰瑞塔自上大学就有“照镜子”的习惯，并把这个习惯一直坚持下来了。他每天都会给自己制定各种计划，晚上回家时便对着镜子自言自语，回顾这一天以来计划完成的情况，哪些做得好，哪些做得不好。日积月累下来，杰瑞塔对自己的长处和短处都能了然于胸，并能在实际工作中扬长避短。所以，他才会取得如此骄人的销售业绩。

兴奋的杰里米决定让杰瑞塔给全公司的销售人员做一次演讲，题目就是《照镜子的哲学》。后来，杰瑞塔成为公司的销售总监，全球各地都有他们的业务伙伴。

“照镜子”就是一种自省。人贵有自知之明，这个世界上最难解的谜题其实就是我们自己。通过自省，通过对自己的剖析，能够帮助我们抖落身上的灰尘，帮助我们找到解开谜题的钥匙，帮助我们在黑暗中找到光明存在的方向。学会自省，让我们拥有超越自我的力量，让我们成为生活的智者。

苏联大文豪高尔基说：“反省是一面莹澈的镜子，它可以照见心灵上的污点。”人需要自省，因为每个人都难免有着不足和缺点，通过自省能够让我们不断进步、日臻完善，也能够让我们在人生的长河中始终行驶在正确的航道上而不至于迷失方向。

下篇

情绪价值，管理情绪成就自己

第六章

低落时不妨笑一笑：放下负担和忧郁的情绪

时间从昨天通向明天，只在今天稍作停留

人在每一天都会遇到很多麻烦：早起上班，穿鞋发现鞋带断了，换鞋子晚了一分钟，没赶上车；到了公司，发觉上司心情不好；下班后去超市，发现电梯坏了；去快餐店吃晚饭，发现肉烧得过了火候……这些小麻烦，总能让人烦恼，所以我们经常听人感叹："怎么这么烦呢！怎么什么事都不顺心呢！"

一男子整天烦闷，心中有无数烦恼，请求一位禅师帮他开解。禅师听他细说平日生活的种种烦恼，突然对他说："帮我倒杯茶水。"男子依言而行。

禅师接着问："你可喝过茶？"男子点头。禅师又问："可把煮水的灶具都收拾好了？"男子点头。

片刻之后，禅师又将同样的问题问了一遍，男子又答了一遍。没想到禅师又问了第三遍，男子忍不住了："为什么一直在说这个问题？"禅师大笑："你的烦恼，不就是因为把同一件事翻来覆去地想？你不去重复，又哪里来的烦恼？"男人恍然大悟。

烦恼其实不是什么大事，很多人尽管烦恼，也懂得一笑而过，翻书一样翻过一页，就算过去了。真正让烦恼成为大事的，是人的心态。有人偏要和自己较劲，越是烦恼越要想，越想就越觉得麻烦，于是，所有的小麻烦都变成了大烦恼。

更可怕的是，世间万物都有着或明显或隐晦的联系，当烦恼多了，你就会发现它们彼此盘根错节，这时，烦恼就变成了铺天盖地的罗网，让人觉得根本无法逃脱，于是，人们继续烦恼……

古时候有个杞国人，天天担心头顶上的天会塌下来，他每天都在想天塌下来，自己一定逃不掉，就觉得自己很凄惨。他担心不已，竟然生起病来。

朋友来看他，问他为了什么事病得这么严重，他忧心忡忡地将烦恼说了。朋友大笑说：“天怎么会塌呢！而且，就算天真的塌了，你的担心就能避免吗？”

在所有的烦恼中，最麻烦的有两样：一是为昨日烦恼，一是为明天烦恼。昨日已去，无法改变，烦恼也是白白浪费感情，世上没有后悔药，偏偏人们总是喜欢后悔；明日还不分明，烦恼也抵不过变数，更是无用之举，偏偏人们就喜欢担心明天会发生什么，似乎担心一下，明天就会变得顺心如意。这些人，都是在杞人忧天。

时间是一个单向的过程，从昨天通向明天，只在今天稍作停留。它给予我们的只有二十四小时，说长不长，说短不短。利用得好，可以做很多有意义的事，但如果左顾右盼，一会儿想着昨天哪件事没做好，一会儿想着明天哪件事可能做不好，你还剩多少时间留给自己？留给那些真正该做的事？

烦恼到极点的时候，人们希望烦恼放过自己，让自己落得片刻清闲。其实不是烦恼不肯放过你，而是你不肯放过烦恼，不肯放开自己。你总觉得多担心一点，多做一点，就能让自己的心情缓解一下，但烦恼不会让心灵放松，它只会让心灵的弦绷得更紧，让心头的大石压得更重。如果自己想不开，不能把烦恼当作一件平常事，不为它浪费时间，任凭旁人如何开解，烦恼仍然是烦恼，根本不会改变。

天下本无事，庸人自扰之。一个人每日只想烦恼，会更加看不透其他人事，对于他的判断力也有极大影响。何况，一个人应该向远处看，才能走得更远，只是看到眼前的一点小事，被小事绊住手脚，如何做大事？

能够忘却烦恼，体现了一个人的智慧，也体现了一个人的心胸。人活于世，过好每一个今天，不去追悔昨日的事，不去担忧明天的事，才能福乐安康，摆脱烦恼的纠缠。

忧虑让女人变得敏感而易老

大多数女人都很敏感，这点通常会表现在忧虑这点上，这是大多数人都认可的事实。包括有些女人自己也承认，心事太重，心里装不下事，有一点风吹草动就开始担惊受怕，开始发愁，甚至杞人忧天。诚然，女人较之男人要细致许多，凡事习惯思前想后，未雨绸缪。但是，换个角度想，男人们常挂在嘴边上的“碎嘴婆”“事儿妈”是不是就是因此而来的呢？或者说，即使整天忧心忡忡、愁眉不展，事情就真的能得以解决吗？

李佳最近一直在和老公“冷战”。李佳是个心思非常缜密的女人，但个性胆小怕事，凡事思前想后，稍有一点不踏实就睡不着觉。正是因为如此，结婚三年来，这种“冷战”状态几乎已经成了他们的家常便饭。有一次，李佳的老公看中了一处房子，所以和她商量想把家里的积蓄全部拿出来买房，毕竟两人结婚以来一直是在租房子住。可在房子的产权问题上，李佳极为不放心，虽然老公已经从有关部门得到了肯定的回复，但李佳就是害怕地产商的工程不合法，怕自己的房子没有法律保障。忧心忡忡想东想西不说，几乎每个夜里她都要把老公叫起来询问这件事。终于，老公爆发了。他指责李佳神经质、狭隘，说刚刚结婚三年李佳就把自己变成了“事儿妈”，而且唠叨起来便没完没了……

没有什么比忧虑更使一个女人老得快，忧虑足以摧残一个人的容颜、气质、魅力和幸福感。如果细算起来，生活中能使一个女人产生忧虑的事情简直数不胜数：男朋友对自己是否死心塌地？结婚用的房子是否署在自己名下？结婚后就得要孩子，可自己不会照顾孩子，孩子的抚养、教育问题都怎么处理？公司有了两个升职指标，一个是自己，另一个是谁？能打败他吗？想跳槽去一家外企，一切都已妥当，可万一试用期过后自己没有被录用怎么办？公婆年纪大了，迟早要来自己家里安度晚年，万一相处不来怎么办……女人，你能承担得起如此繁杂沉重的忧虑吗？

生活在忧虑之中的女人可以说是度日如年，毫无快乐可言。她们终日里愁眉不展，瞻前顾后，唯恐哪个细节做得不好，从而使自己或家庭的利益受到伤害。为此，她们不再朝气蓬勃，不再青春靓丽，不再开怀欢乐，早早地凋谢了美丽，被生活浪潮所淹没。女人，这就是你要的生活和你要的幸福吗？

是的，忧虑会使女人远离青春，远离美丽，甚至远离快乐和幸福。既然如此，我们为什么不保持快乐的生活状态呢？

生活中的许多事情是不能以人的一己意愿而发生改变的，即使你百般琢磨，千番算计，忧思不已，那些困难、坎坷甚至危机也不会避你而去。该来的还是会来，与其忧虑，不如改变自己去努力寻找解决问题的办法，让忧虑在我们智慧的光芒下得以消失。

远离不必要的忧虑，这样才能获得快乐，才能在生活中找到属于自己的幸福坐标。我们在生活中常常能见到这样的女人：她们风风火火，甚至可以说是没心没肺，仿佛都不知道“愁”字怎么写，每天都高高兴兴，无忧无虑。这样的女人往往是招人喜爱的，有着不一样的魅力。令人不解的是，往往越是这样无忧无虑“不知愁”的人，她们真的就越不会遇到什么坎坷和危机。似乎真是应了那句话，“傻人有傻福”。如果真的是这样，那么做一个这样的可爱而又独具魅力的傻人又何妨呢?

事实就是这样，你所忧虑的事情，不会随着你的忧虑加重而逐步减轻。忧虑的对象总是客观存在的，而经常的忧虑是消极的、无用的，重要的是寻找解决问题的良方。空忧虑只能说明你是在浪费情绪和宝贵的时间。对于一个女人来说，最宝贵的财富无疑是青春和美丽，提心吊胆、耗费心思的空忧虑就等于浪费青春和美丽，就等于眼睁睁地看着快乐和幸福从自己身边溜走。

所以，从今天开始，做一个快乐的女人吧！面对还未到来的危机，你当然可以未雨绸缪，可以思考应对的办法，但是千万别因为它的到来而影响你的情绪，影响你的生活轨迹；面对突如其来的变故，你当然需要解决和承担，但是千万别沉沦其中，因为乌云不可能永远遮蔽天空，最美的彩虹一定是出现在风雨之后的。所以，你要时刻保持轻松、坦然、从容、快乐、微笑，不要停止对于美好生活的追逐和对于幸福的寻找。这样，你才能永远保持青春、自信、和美丽。

如果你正是这样的一个女人，那么你就应该能感受到，你的魅力，足以令周围所有的人倾慕和爱戴。

无法改变环境，不妨尝试着改变自己

著名国学大师南怀瑾先生说过：一般人都知道，人活着要有用处，有价值。其实，人生的价值，自己觉得没有用的，才是最有用的。老老实实，规规矩矩活一辈子就好了，这是庄子的理论。这表面看似非常消极，对于社会、世界和人生都是带有讽刺意味的。其实他只是在向我们传递一个道理——“世路难行”，这一点也不讽刺。世路既然难行，我们要想使生命获得价值，就要懂得去适应环境，否则会招来许多不必要的磨难或伤害。

南怀瑾又说：“过去历史上的一些人物，也不错啊！为什么呢？他们有理想，有抱负，在尚未得志时，不妨在个性上将就别人一点，先取得他人的信任，肯与他合作以后，再慢慢地引导他们走上大道，‘先合作，然后引之大道。’那也是一种处世的办法呀！”

其实，南怀瑾所谓的“世路难行”以及“先合作，然后引之大道”，简言之就是，我们周围的环境是很难改变的，我们要生存，要使生命有价值，就要努力去改变自己，适应环境。也可以说：“先生存，后发展”。南怀瑾就是这样做的。

在抗日战争时期，南怀瑾曾经流落到四川。当时他为了生存下去，来到了一家报社。刚进去，他就看到柜台后面坐着一位老头子，便走过去问好，并问能否在这里找到一份差事。那位老头子上下将他打量了一番，问他是哪里人，不是日本人吧。在当时，中国人都极恨日本人或者汉奸。南怀瑾听后急忙说道：“我是浙江人，逃难到此，就是想找一份能活命的差事。随便什么差事，哪怕是倒茶扫地都可以。”

这时候，报社里面的一位老板看到他了，探出头让他进去。于是，南怀瑾便又述说了一遍自己的状况：初来此地，没有亲人投靠，没有饭吃。老板听后说：“那好，你来我这上班吧，我这缺一个清洁工，就是给我们扫地的。”南怀瑾当即就答应了下来。

有一天，报社的老板将他叫过去，对他说，看样子你不像干这种活的人，就问他会不会写文章。南怀瑾也不敢妄自说话，便说自己学过一些“子曰诗云”，老板便出了一个题目，让他写篇文章来看看。南怀瑾便写了，老板看了文章之后特别满意，立刻让他当了报刊的副编辑。

在当时，报社也就那几个人，所谓的编辑，除了经常写文章外，什么杂事都要处理。不过，对于南怀瑾来说，多吃点苦根本不算什么，只要自己有立足的地方，有碗饭吃，就知足了。

所谓“大丈夫能屈能伸”，南怀瑾早在当年就已经深谙“弯曲”的处世哲学。为了解决自己的生存问题，他宁愿放下文人的架子，从扫地做起，后来才赢得了个人进一步的发展。

在现代社会中，更是需要这种“先适应，后改变”的曲线生存法则。随着生活节奏的加快，越来越多的人开始变得敏感、开始不停地抱怨：工作丢了，怪领导没眼光；人情冷漠，怪同事不友善；住房不好，交通不便，行业前景不佳……将自己的痛苦全部都推给社会，人们总是苛求客观因素的不如意，而自己则完全像没事人一样，主观上不去努力改变自己，去适应环境。这样的人生注定是失败、消极的人生。

生活中难免有不如意之事。生活中的一切大小事宜都会成为你抱怨的借口，但是若不去抱怨，你会发现，其实这些事都有解决的方法。再恶劣的处境绝对不会因为你的几句抱怨就发生转机，有时候抱怨可能还会让自己的处境更加糟糕。我们遇事切勿一味抱怨，要冷静沉着，努力去接受现状，然后改变现状，这样才能涤除我们心中的不满。

很久以前，在非洲的一个国家，人们都是不穿鞋，赤着脚走路的。

国王有一次去一个偏僻的乡下，那里路面崎岖，十分难走，很多细碎的石子深深地刺痛了国王的脚板。于是国王回到王宫之后，颁布了一道命令，要把国内所有的道路都铺上牛皮，他觉得只有这样，自己的国民走在上面，才不会被崎岖的路面刺到脚板。自己这是做了一件利国利民的好事。

可是国王忘记了土地辽阔，这么多的道路，即便是把国内的牛全部杀光，也远远不够铺路所需的牛皮，而且花费的资金、人力、物力，更是难以想象。人们深知国王颁布了一道愚蠢的旨令，而且这件事情是非常难以做到的，但是没有人敢违抗命令，所有的人都敢怒不敢言。

但是，有一位聪明的大臣，这个时候大胆地向国王提出了建议："敬爱的国君！我们为什么要花费这么多的金钱、人力、物力和资源呢？何不用两小块牛皮包裹住脚，这样能节省很多资源呀！"国王听了之后觉得非常有道理，十分高兴地收回了命令，采纳了这个建议。于是，后来便有了"皮鞋"。

改变世界过于异想天开，但是我们可以改变自己。如果你现在正处于艰难的环境中，或者对现在的状况不满，那么不要抱怨，改变一下自己的想法和心态，努力去适应去面对现状，事情一定很快便有转机。

古希腊的哲学家柏拉图曾经称自己会移山术，这让弟子们都纷纷去找他学习。柏拉图便说："很简单，山若不过来，我就过去。"其实，世间哪里有什么移山之术呢？柏拉图是要向人们传达一个哲理：当你无法改变你的现状和你所处的环境之时，便自我改变。这和"山不过来，我便过去"属于同一个道理。

最后，让我们永远记住在威斯敏特教堂地下室，英国圣公会主教的墓碑上写着的这样的一段话：

当我年轻自由的时候，我的想象力没有任何局限，我梦想改变这个世界。

当我渐渐成熟明智的时候，我发现这个世界是不可能被改变的，于是我将眼光放得短浅了一些，那就只改变我的国家吧！

但是我的国家似乎也是我无法改变的。

当我到了迟暮之年，抱着最后一丝努力的希望，我决定只改变我的家庭、我亲近的人——但是，唉！他们根本不接受改变。现在，在我临终之际，我才突然意识到：如果起初我只改变自己，接着我就可以依次改变我的家人。然后，在他们的激发和鼓励下，我也许就能改变我的国家。再接下来，谁又知道呢，也许我连整个世界都可以改变……

在人生的路途中，需要我们不断适应变化多端的环境，我们不能去改变周围的一切，但是我们可以改变自己。如果我们不能及时在心态或者看法上改变，也不能及时地反省和发现自我的缺点和不足，而是一味地去苛求周围的环境，或者试图改变自己的际遇，那实在是劳心伤神，毫无半点意义可言的。所以在艰苦的环境中，唯有自我改变，才能克服困难，改变现状，战胜挫折，实现梦想。

面对生活的环境，每个人都有不同的选择，你可以选择屈服，这也是一种方式；也可以选择强硬，但不一定能够有所收获。是改变环境，还是因环境而改变，往往就在你的一念之间。你的得失成败也会因此而发生变化。

封闭了自己，阳光如何照进你的心灵

在现代社会中，许多人都喜欢“宅”在家里。“宅男宅女”似乎成为社会的一种时尚，虽然这只是个人的一种生活方式，不会对他人造成任何影响，但是久而久之，这势必会使自己愈加封闭，思想行为与社会产生偏离。季羡林老先生在给老朋友的忠告中，提出了这样一条：“切忌自我封闭”，虽然他针对的是老年人，但是对当下的我们也是一种忠告。

要知道，封闭自己不仅仅是对自己空间上的限制，更重要的是思想上的禁锢，久而久之，我们整个人会因为看不到外面的阳光而变得阴暗起来。

有这样一则故事：

有两个四五岁的兄弟，这两兄弟所住的卧室总是十分黑暗，因为他们卧室的窗户总是紧紧地关闭着。兄弟俩的心理也因此变得十分阴暗，他们每天都闷闷不乐的，对什么事情都提不起兴趣。这两个孩子每次看到外面阳光灿烂，心里便非常羡慕，他们渴望把这样的阳光也带到自己的卧室里面来，于是他们商量决定，把阳光用扫帚扫一点进来。

他们便开始行动，一个拿扫帚一个拿簸箕，跑到阳台上认真地去扫阳光了。等他们小心翼翼地把扫进簸箕里的阳光搬到房间里的时候，阳光却不见了。

他们十分诧异，便一次又一次地扫了很多遍，阳光还是到了屋子里面便不见了。这时候妈妈看到了这两个孩子的举动，好奇地问道："你们在做什么呢？"这兄弟俩便说："我们要扫一些阳光到屋子里，因为里面太黑暗了。"妈妈笑着跟他们说："亲爱的孩子们，你们去把窗户打开试试，看阳光是否能进到屋子里了。"

如果窗户紧闭，阳光自然是无法进来的。如果我们把自己的心门关得太严密，快乐的阳光无法进来驱散不良的情绪，久而久之也会使自己变得更加敏感和抑郁。

起初我们每个人的心扉都是敞开的，内心充满了温暖的阳光。然而，随着年龄的增长和经历过种种挫折、失败之后，我们心中的大门就难免会关闭，只留下黑暗和阴影。总是害怕别人会窥视到自己的秘密和伤痛，总是担心有人会伤害到自己脆弱的心灵。于是，我们在与别人相处的过程中，变得越来越敏感，没有了真诚和信任，有的只是人为的高墙和不可逾越的鸿沟。

很多时候，我们的心也会泛起阵阵涟漪，也想敞开心扉使紧闭的心灵舒一口气。然而当我们打开一点点小缝，却发现别人的心依然如故，于是我们怕了，退缩了。因为我们还在乎那一文不值的可怜的自尊，担心自己的一厢情愿会换来别人的冷漠相对，于是我们宁愿退回自己的心墙之内，再也不敢跨出半步。

另外，当我们在生活中遇到不快的时候，最好的方式就是将自己平时的不良情绪以适当的方式发泄出来，及时地敞开心扉，给我们的内心增加一些快乐的阳光。发泄的方式也是多种多样的，如与家人一起外出度假，多出去散步，多出去运动，等等。

只要光明进来了，一切阴霾都会烟消云散。所以，请你不要再犹豫了，打开心灵的窗户，让阳光及时照进来吧！

扫除内心的黑暗与阴影的方式非常简单，只要把自己的心扉敞开，让阳光照进来就可以了。无论别人怎样对待我们，我们仍是我们自己，不是别人。我们所做的一切，都是为了自己。当我们真正打开心扉时，就会觉得天地真的很宽敞，心的舞台也是极大的。

即使错过了花，也会收获一只蝶

一位名人曾说过：“这世界上有八成的人太彷徨、太犹豫、太懒惰，但有两成的人活得太努力，太努力也是会彷徨的。但是，你还是得努力，到最后，再来放弃你的努力。”

我们拿工作者来举例：一个人在二十几岁时可以无所顾忌地跳槽，可能是因为他还没有自己的人生定位；而一个三十几岁的人选择放弃已经获得的成功，重新开始新的事业与生活，那必定要有坚韧不拔的勇气与毅力。

于蓝 2000 年从一所大学的法律专业毕业，这一年的就业政策是，分配回来的学生都要到企业锻炼一年。就这样，她到一家工厂，做起了钳工。那时的她坚信，改变命运的方法就是考律师。

最终，她拿到了律师资格证书，也因此顺理成章地成为一名律师。在从事律师近三年后，她遇到一位来自香港的老板，其人格魅力对她的性格产生了潜移默化的影响。更重要的是，这位老板给了她一个能够充分施展能力的舞台，于蓝从此成为一名销售人员。

其中的得失可谓一目了然。但是，于蓝完全适应了新的挑战。在销售工作中，她最大的感受就是：既然改变不了客户，那就不断地提升自己。

五年后，她获得了人生的第一桶金：能力的积累，经验的积累，人际关系的积累，以及一些原始资金的积累。不仅如此，在做销售工作期间，公司发展迅速，公司的培训总是跟不上。因此，于蓝每次到总公司培训完之后，回到自己的岗位，她又会照葫芦画瓢地做公司内部的培训。

于是，她将自己培训时听来的东西和自己实际中遇到的问题结合起来，再用自己的语言讲述出来。她发现每次讲完之后，反响都非常好，大家的改变也很大，之后公司的业绩也在蒸蒸日上，因为她讲的完全是从实践中得到的经验。慢慢地，她发现自己在讲台上非常有感觉，那种状态就是：无论心情好坏，身体是否舒服，只要一站在讲台上，就会特别投入，神采奕奕。

就这样，她放弃了从事五年的销售工作，选择做一名专业的培训师。

其实，在面对每一次选择和放弃之际，于蓝的内心一定不平静，肯定经历了权衡得失平衡的痛苦。所幸的是，她承受住了因失去一些东西而带来的痛苦，才有了在未来的领域中获得更大成功的可能性。

尽管如此，大多数人还是不肯放弃，为一个放弃了也不会损失什么的工作而纠结；为一个不爱你的人而痛不欲生，甚至舍不得放弃自己的惆怅和忧郁。

也许他们在思考：什么该放弃，什么不该放弃呢？殊不知，为了那些不能放弃的东西，人们却放弃了生命中最重要的事情。比如：工作狂的父亲为了成就感与责任感，放弃参与孩子们的童年；女人为了爱情而放弃了自己生命可能挖掘的深度；恋人们为一时的斤斤计较和面子之争放弃了爱情……

无可选择的人生是无奈的，而无从选择的人生则是可悲的。虽然失去是痛的，但是人生不就是在经历一阵阵痛后才逐渐圆满的吗？

因此，人必须明白这样一个道理：选择和放弃是道单选题，只有 A 和 B 没有 AB。

当然，这样一个浅显的道理，却会给每个站在“是选择，还是放弃”关口的人平添了很多困惑：选择越多，失去也越多，后悔也越多，痛苦也越多，就像泰伦斯所描绘的“我周围都是洞，到处都在不断地流失”的状态。

关于这一点，2002 年诺贝尔经济学奖得主丹尼尔・卡尼曼经过研究给出了解释：失去 100 元钱带来的痛苦，远远大于得到 100 元钱带来的满足。可见，得到某些东西的希望，根本无法安慰和抚平可能失去什么的不安。

好吧！从此刻开始，收拾好心情，自信地向前。错过花，你将收获蝶；错过他，你才会遇到真命天子。也只有继续走，你才能收获更多的幸福。

一个人的快乐，并非由他拥有的多少决定，而是由他计较的多少决定。拥有的多，是负担，事实上是另一种失去；拥有的少，并非不够，而是另一种富余。舍弃也不一定是失去，而是另一种拥有的方式。

让你感到为难的一切事，都可以用来挑战自己

内蒙古的冬天，总是狂风大作，寒冷刺骨。记得上高中时，有一天狂风带着呼啸的声音，室外下着暴雪。所有同学从宿舍到教室这段很短的距离，都是飞奔而过的。每个人心底都在叫冷，一屋子的跺脚声，读书的心思早已被打消。

鼻子被冻得红红的班主任王老师推开门走进教室时，一股寒风趁机席卷而入，墙壁上的《世界地图》一鼓一顿，掉到了地上。

这时，往日很温和的老师一反常态，满脸的严肃庄重，甚至冷酷。乱哄哄的教室立刻安静了下来，大家惊异地望着他。

“请同学们放好书本，我们到操场上去。”

同学们几乎不敢相信自己的耳朵——“这是为什么？”

“因为我们要在操场上站立正五分钟。”

同学们想：“这么冷的天要我们出去站着，而且是站在大雪之中，老师是不是疯了？”

尽管老师下了“不去操场，以后就永远别上我的课”的“死命令”，还是有几个同学没有走出教室。

整个操场都被风雪弥漫着。篮球架被雪团打得“啪啪”作响，雪粒弄得人睁不开眼、张不开口，每个人脸上好像有刀在划。大家像一群刚从狼窝逃出的绵羊，再次见到凶神恶煞的狼一样，挤在教室的屋檐下，不肯迈向操场。

老师什么也没说，面对我们站定，脱下羽绒衣，“快到操场上去，站好。”我们这些学生老老实实地到操场排好了三列纵队。瘦削的老师只穿一件白衬褂，衬褂紧裹着的他更显单薄。大家规规矩矩地站立着。五分钟过去了，老师平静地说：“解散。”

回到教室，王老师说：“在教室时，我们都以为自己敌不过那场风雪。事实上，叫你们站半个小时，你们也顶得住，叫你们只穿一件衬衫，你们也顶得住。面对困难，其实许多人都是戴了放大镜，但和困难拼搏一番，你会觉得，困难也不过如此……”

我一直很庆幸，自己没有缩在教室里。在那个风雪交加的时刻，在那个空旷的操场上，我学到了人生重要的一课，那就是——要有“吃苦”的精神。

没有人生来就喜欢吃苦。但是“梅花香自苦寒来”，没有付出，往往就没有回报。我们获得的任何好东西，几乎都要经过艰辛地努力才能得到。有吃苦精神不一定会成功，没有吃苦精神，却肯定无法成功。

我们的一生中，都会遭遇到很多困难。能否微笑地面对困难，在于你所遭遇困难的次数。经历的事情越多，你往往就会越成熟，更加懂得处理和解决问题的办法。多吃点苦，我们才能在面对困难时，充满克服的勇气。别害怕挑战与难题，因为难题越多，我们越能找出解决方法；更别担心困境，只要我们有突破困境的信心，再险恶的境地我们都能安然度过。

要想做出成绩，就不能“心疼”自己。李连杰曾在电视上曾做过这样一个广告：“男人，就是要对自己狠一点。”其实，任何一个人要想做出一番成就，都要对自己“狠一点”、能吃苦才行。

在坚持写作的这几年里，我从一个默默无闻的新手，到渐渐确定了自己的写作风格，也获得了一些出版社编辑的认同，渐渐地，越来越多的公司和出版社开始向我约稿，出的书也越来越多。对于一个写作者来说，最开心的事情莫过于看到自己一本本书上市，一篇篇文章被转载，看到心有共鸣者为自己留言，听到圈里的好友为自己喝彩。

万事开头难，写作也一样。大学时，我读的是与中文毫无关系的专业，毕业后又从事着与写作毫无关系的工作，心里却始终有一个文学梦。

自知起点比别人低很多，为了提升拙劣的写作水平，我曾几度辞去工作，把自己关在小黑屋里专心读书和写作，也有一天身兼三份工作仍然不忘写作的经历。可即使这样努力，我还是没能赶上别人的脚步。

写作伊始，我曾和几个文友一起建立了交流群，不出半年，几个文友陆续签约了平台，也无声无息地退出了在他们看来已经无法“物以类聚，人以群分”的微信群。

水往低处流，人往高处走。那些熬出来的人，自然不肯再陪我玩耍，而我也多么希望有一天能追上他们的脚步，看到自己的文章被更多人关注。

别人只需要花费半年，甚至两三个月就可以完成的事情，我却要用年计算，而且还不是一两年，而是三四年，甚至更久——连我都佩服自己的毅力。

后来有文友惊奇地对我说："呀，不知不觉间你已经出了这么多本书了！"

他们永远也不会知道，我为此倾注了多少时间和精力。当文章没有阅读量的时候，我就发了疯似的转发；文笔尚劣的时候，我就每天逼自己研究一篇爆文；素材不够的时候，我就利用各种空闲时间去追热点、看论坛，甚至不惜花一整天的时间去深读一本书。

连吃苦都不怕，也就没有什么可怕的了。有人用这样的话激励自己："苦不苦，想想红军长征两万五，累不累，想想革命老前辈。"和战争年代的人比起来，我们的苦大概就算不了什么了。

众所周知，精致的瓷器都要经过多次烧烤而成。没有经过多次烧烤的瓷器，永远不会坚固和精美。无数事实告诉我们，在漫长的烧烤环境中禁得住磨炼的人，才有可能会成功。在生活中，那些怕吃苦、拈轻怕重的人，是很难干出事业、做出成绩的。干事业需要的是泼辣、狠劲，需要"皮实"一点的人。

为了锻炼吃苦精神，我们可以给自己"制造"困难，使自己得到提高和锻炼。比如，"排演"一场比你所要面对的困难更为复杂的挑战；比如，手头上有诸多棘手的活而自己又犹豫不决，不妨挑选更难的事先做：生活中，一切可以让你感到为难的事情，你都可以用来挑战自己。这样做，当然不是为了“没事找事”，而是为开辟成功之路做必要的铺垫。

我们不必坐等危机或悲剧到来时，自己毫无准备、手忙脚乱。圣女贞德说：“想要赢一次，就必须要受十次伤！”成功不仅要有明知山有虎、偏向虎山行的勇气，还要经过多次磨难的洗礼，才能够获得赢的希望！

事情的真相就是：你对自己越苛刻，生活就对你越宽容；你对自己越宽容，生活就对你就越苛刻！至少从明天起不再赖床，走出家门，让你的脸庞在刺骨的寒风中挂上微笑的印记吧！

错过了美丽的花朵，收获的不一定是凋残的枝叶

我们不是圣人，经常会在有意或是无意之中，错过一些事情。或许你曾经因为疏忽，忘记了与女友约会的时间，忘记了女友的生日；或许你忘记了某个重要的面试日期，错过了获得好工作的机会；或许你错过了最后一班回家的公交车，错过了与亲人团聚的机会……面对这些，你是不是整天都在抱怨与叹息之中度过呢？

你的回答要是“是”的话，那么请你赶紧停止。因为你的人生大可不必如此，错过了爱情，你还有朋友；错过了工作，你还有自由……也许有一天，你会惊讶地发现：原来错过了并不是一件糟糕的事情，反而可能是一种幸运。既然如此，又何必抱怨与叹息呢？

林峰和林婉在大学一见钟情，开始了甜蜜的恋爱。他们有相同的爱好，经常一起去看电影、听音乐、旅行、参加志愿者活动。朋友们都羡慕他们，觉得他们是天生一对。

然而，他们在毕业时，林峰想要去国外深造，而林婉想要留

在国内。为了这个问题他们争吵了很多次，可是最后意见依旧无法达成一致。他们不想放弃彼此，也不想放弃自己的选择。于是，他们继续保持联系，慢慢寻求一个折中的办法。

时间和距离渐渐地磨灭了他们的感情。他们越来越少地联系对方，他们遇到了新的朋友，新的机会，新的挑战。他们也开始质疑彼此是否相爱，是否还能回到从前。他们尝试拉近彼此间的距离，但总是感觉有些勉强和尴尬。他们终于明白，两个人回不到从前了。

在一个寒冷的冬天，他们打了最后一个电话，彼此说了一些客套的话语，祝福对方幸福和快乐。他们没有哭泣、埋怨、后悔，只是淡淡地笑了笑，最终说了再见。他们知道，与其彼此耽误，不如就此分别。

他们最终错过了彼此，但在交往的过程中自己也收获了成长。他们不恨对方，也没有刻意遗忘对方，偶尔还会想起曾经的那些美好回忆。他们认为错过本身也是一种美丽，因为错过彼此，他们都成为了更好的自己，而现在的他们更加珍惜自己所拥有的一切。

所以，当我们用尽心力去完成一件事情而没有得到回报的时候，千万不要悲观失望，更不要停止前进的步伐。因为，前方有更好的机会正在向我们招手。请你不要再为错过而抱怨了，关键要看看你能收获什么。

其实，错过本身未必不是一种美丽，从长远来看，这些错过也未必就是更大的不幸。如果在种种情绪的背后，你时常为错过感到庆幸而不是抱怨的话，那么恭喜你，你已经学会欣赏错过了。

我大学毕业后进入北京的一家公司当职员。从我家到公司坐公交车需要花费半个小时。每天一大早，我就要去挤公交车。虽然半个小时的路程并不长，可是因为这趟公交车有几站停靠在地铁口附近，所以每天都非常拥挤，我常常因为拥挤而懊恼、抱怨。

有一天，我起床稍微晚了一点，来到公交站等了三辆车都没有挤上去。我心里懊恼不已，抱怨自己的运气怎么就这么不好。无奈之下，我只能再等下一辆公交车。等到公交车停靠在站边的时候，人们还是一拥而上，我虽然“努力”了，可还是被挤了下来。望着渐行渐远的公交车，看着上班时间越来越近，我当时心里更加着急了，心情糟糕透了，差点决定步行上班去。

就在这时，后面又来了一辆公交车，由于等车的人已经不多了，所以我顺利地上了车，过了两站，还得到了一个座位。当时我感到非常高兴，忘记了错过前面几辆车的不快。最终，我踩着时间正点到达公司。看来，上天还是眷顾着我啊！

不管我们错过了什么，都要淡定地告诉自己：错过也是一种收获，或许我们还没有看清这些收获，但是它一直都在那里，静静地等待着我们不断地去感悟它、发掘它，直到最终拥有它。

同样的生活，可以让人意志消沉，也可以让人百炼成钢，关键在于你究竟怎样面对。如果你坚信生活是美好的，并用淡定的心态面对错过，那么你的心情也将是快乐的，而你也会是一个幸运的人。当你不再为错过的或者缺少的东西而怨天尤人，不再为不确定的将来忧心忡忡时，那么，你就能够从中得到生活的乐趣，收获属于自己的硕果。

第七章

没有抱怨，快乐才会常伴：身上充满怨气，生活会越来越幽怨

人生有遗憾，但它仍会美丽和精彩

我不知道在何处看到过一句话：读喜欢的书，爱喜欢的人。如此简单，如此美好。这像午后窗栏下，慢慢呈现于绣布上的幽兰，两三笔，几片页，甚是简洁，甚是美好。又像闲坐躺椅，以书盖脸，短短一个盹儿，合着一帘清梦，遨游天地。梦醒，情景已模糊不堪，但也无妨！

我们常常觉得累，痛苦与焦虑甚至抱怨都在不经意间占据了我们的心灵，让我们的负面情绪越积越多，最终难以自拔。其中固然有世事变化无常的原因，但更重要的一个原因就是我们走入了一个误区——放大了痛苦与焦虑。很多时候，我们面临不幸，痛苦被放大了，抱怨越来越多，心情也越来越糟糕。

古时候，同村的两个秀才一起赶赴京城参加科举考试，两人在一个小店租了一间屋子同住。就在考试的前一天晚上，这家店被小偷洗劫了。这两个秀才也不例外，他们身上的钱财以及包袱里的衣服都被小偷偷走，他们一无所有了。

在这种打击面前，两个秀才却有不同的心态。甲秀才想：“这也许是上天对我的一次重大考验吧。‘天将降大任于斯人也，必先苦其心志。’或许这次我就能考上。”想到这里，他把钱财、衣服被盗的事情都抛到了脑后，然后安心地睡了一觉，第二天精神抖擞地走进考场，结果金榜题名。

乙秀才则是想：“这下子全完了，要是这次没有考上，又没有了盘缠，怎么回家呢？怎么面对父老乡亲呢？”他还不断地抱怨小偷，整晚都在想这些事情，第二天心事重重地走进考场，结果名落孙山。

甲秀才之所以能金榜题名，一个重要的原因就是他乐观的心态，这使他能缩小痛苦，放大快乐。相反，乙秀才之所以榜上无名是因为他心事重重，凭空增加了自己的心理负担，放大了痛苦，自然没能榜上有名。

我们在上班的路上，遇到了堵车可能会迟到，这是一件很普通的事情。可是，有的人偏偏进行了无限联想：迟到了不仅会被批评，而且还会扣奖金，影响到年终考核，甚至影响晋升……根据这个逻辑，可以想象这样的人该有多么痛苦，活得该有多么辛苦。

选择了放大痛苦，那么痛苦就会占据你的视野，你的坏情绪也就会随之放大。在人生路上，你背着这么大的痛苦上路，被这么大的坏情绪影响，你的脚步会越来越沉重，路也会越走越窄。

孩子感冒了，焦急的母亲一边守着孩子，一边又焦急地想到：孩子的学习肯定会被耽误，肯定会影响期末成绩，肯定会影响升学，肯定会影响就业……在她看来，一场病就会耽误孩子的一生。

这种“破坏性”的联想实在要不得。

卢梭说过：“除了身体的痛苦和良心的责备以外，一切痛苦都是想象出来的。”有时候，那些让人伤心、痛苦、焦虑的事情并非有多么严重，只不过有些人爱瞎琢磨，会“想象”出很多痛苦。

有一天，一位老妇人不小心将一个鸡蛋打破了。本来一个鸡蛋破了也不是什么大事，可是，这个老妇人却觉得自己受到了不可估量的损失。她想到：如果这个鸡蛋没有破碎，那么可以孵化出一只小鸡。如果孵化出来的是母鸡，那么它长大后又会产下很多蛋。那些蛋又可以孵化出更多小鸡。鸡生蛋，蛋生鸡，这样下去的话，那我岂不是失去了一个养鸡场？最后，老妇人痛苦万分。

这听起来似乎太夸张了，但生活中这样的人偏偏不少。他们把原本的小痛苦无限放大，结果自己沉溺其中，不能自拔。

心理学家曾做过一个有趣的实验，目的是研究人们常常忧虑的令人烦恼的问题。心理学家要求实验者在周末晚上将未来一周内所有的忧虑和烦恼都写下来，然后投入一个指定的“烦恼箱”里。三个星期之后，心理学家打开了这个“烦恼箱”，经过核实发现，很多人的“烦恼”并没有出现在生活中。由此看出，烦恼真是人们自己寻来的。

放大痛苦的人爱抱怨，原因就是他们没有认识到痛苦与挫折的客观性。其实，遭受挫折是一件非常平常的事，这本就是生活的一部分。没有挫折，人的生活是不完美的。

放大痛苦的人爱抱怨，因为他们没有找到背后的心理原因。

他们不知道自己是否太过追求完美，是否太看重事情的结果，是否太注重他人的评价等。

放大痛苦的人爱抱怨，因为他们没有正视现实的压力。苦恼的产生，常常由于生活中有一些我们不愿面对的现实压力、心理冲突，如婚姻中的矛盾、工作中的压力、人际交往的冲突等。人们由于一时束手无策，所以滋生了抱怨心理。我们要做的是学会正视它们，并及时解决它们。

放大快乐，就是珍惜眼前的每一个小小的快乐。清晨起床，拉开窗帘，看到的是好天气；上下班的时候没有堵车；工作的时候被领导赞扬了一句；奖金涨了 100 块……这些都是值得我们快乐的理由，将它们当作很大的快乐对待，我们就能从中获得持久的回味。

一个人的快乐程度，并非是由他拥有多少财富决定的，而是取决于他看待生活的方式。一个悲观的人，即使腰缠万贯也会每日忐忑不安；而一个乐观的人，即使收入有限也能享受生活的乐趣。缩小痛苦，放大快乐，其实这就是我们要选择的生活态度。即便人生有些许遗憾，但它仍会是美丽和精彩的。

行动起来，用能力改变满嘴的抱怨

那些爱抱怨的人认为，一切皆是命中注定，没法改变的，因此他们悲观绝望，怨天尤人，不停地抱怨，试图用那些客观理由来为自己的无能做解释。这些人走到哪里都会把抱怨的气球越吹越大，而且一路背负，一路播撒消极的种子。他们只知道消极懈怠，不懂得积极改变。

这类人很多都意志薄弱、消极，害怕吃苦和困难。他们任凭命运的宰割，而不是与命运抗争。他们希望享受别人的成果，总是寄希望于上司能够变得开明一些，希望从同事那里获得更多的东西，希望他人能够帮助自己改变目前的处境，而不知道自己创造条件。

爱抱怨的人很难成功，意志消沉的开始就是抱怨，这也是不负责任的表现，是逃避的体现。抱怨是行动的侏儒。一千句看似很有理由的抱怨，都抵不上一个小小的行动。当一个人过多地被语言困扰的时候，他会失去行动力。这样只会为自己的成功设置一道道路障。

与其抱怨，不如改变。俞敏洪曾经说过："这个社会不存在绝对的公平，我在北大读书的时候，只是一个农民家庭的孩子，而我的同学们，有的是教授的孩子、干部的孩子，有的同学上下学车接车送，而我们连汽车轮子都买不起。那个时候，便会发现世界其实有很多不公平。"所以永远不要去追求公平，获取社会资源的能力和获取未来的能力完全在自己。人生而不平等，而我们需要的就是打破我们生命的枷锁。俞敏洪就是凭借自己的能力打破了自己贫穷命运的枷锁。

这是一位成功人士的真实故事：20 世纪 90 年代，当一批毕业生走出西部某师范院校的大门时，一位令人羡慕的优秀毕业生，却把市重点高中的聘书折起，决定独自去南方闯荡。只因为那里掀起的改革浪潮震动着她的心弦，南方报刊那些优美、深刻而犀利的文笔曾经拨动过她的心弦，她要凭自己的能力在那片神奇而浪漫的土地上，圆自己儿时的作家梦。

一天，她向某报社自荐。总编有点意外，看着这个长相一般但却充满自信的女孩儿礼貌地问道："我们报社没登招聘启事啊！为什么你偏要来报社呢？"

她思索了一下，认真地说："主编先生，我很喜欢贵报的风格。但我觉得它还可以更加完善。我很喜欢文学与写作，也想通过贵报把自己的能力证明给你们看。"

听完她这番诚恳的话语，总编眼前一亮，开始考虑她的去留。不用怀疑，她能独自一人来到这个陌生的城市闯荡，本身就是一种生存能力顽强的证明。于是，他考虑了一下说："我们研究一下。"

一周后，她接到了试用通知。

虽然刚开始安排她做校对工作，但她要求自己竭尽所能去做好工作，同时，利用业余时间把自己的思想变成文字。不久，她的能力得到了每个编辑的肯定，她也开始向各大报社发稿。两年后，她成为了深圳蛇口有名的优秀作家，积蓄也达十五万元。后来，她又根据自己的生活体验和对生活的思考，写了一部反映时代变迁中人们的心态变化的长篇小说。书很快销完，她最后赢利十八万元，从一个清贫的学生成了知识新贵。

她并不只满足于实现成为作家的梦想，又开始向着陌生领域挑战自己。后来，在她得知一家造船厂正缺资金时，经过对项目的调查后，她决定放弃优越的工作，辞职创业。从文人到企业家，需要真打实干。从多方筹措资金到引进技术、拉客户、做广告等，一切她都亲力亲为。最终，她终于获得了丰厚的收益，也提升了自己的综合能力。

如果你对自己的人生不满意，不妨想一下，你为改变这一处境做了些什么？如果你没有行动起来表现自己的能力，那么，从现在起，拿出你的能力去改变命运吧！用能力来代替抱怨。你会发现，自己曾经渴望过的都能在行动中实现。

认真地搞笑，你的生活就没有烦恼

快乐与幸福可以说是世人所追求的最理想的生活状态，无论途中遭遇多少坎坷，人生最终的目的都是为了获得快乐和幸福。长期抱怨的人，会很容易犯一个错误，那就是助长自己脑海里的消极想法，他们不会快乐，也不会幸福。曾经有人这样说过："我知道我不该抱怨、不该生气，但我不知道该怎样让自己不去抱怨、不去生气。这该如何是好呢？"

其实，有一个方法可以帮你解决这个问题，那就是微笑。人生，每天不一定都能得到快乐，但如果碰到了烦恼的事情，要记得给自己一个微笑；碰到了令自己生气的事情，给自己一个微笑，起码能使自己有一个好心情。

因为每个人的经历和对快乐的定义不同，所以快乐因人而异，谁也无法替代。乐观主义者说："人活着，就有希望；有了希望就能获得幸福。"他们能在平淡无奇的生活中品尝到甘甜，因而快乐如清泉，时刻滋润着他们的心田。微笑，本身就是一种感情交流的美好神态，对别人真诚地微笑，体现了一个人热情、乐观的心态；对自己微笑，则是一份乐观的自信，能让我们的心灵一直生活在愉悦之中。

那些不善于微笑的人，总是悲观地看待周围的一切，结果就被悲观淹没了。

我看到过这么一篇文章：

乐观开朗的小赵大学毕业后，应聘去了北京的一家大型外贸公司。上班的第一天，小赵非常谨慎，虽然公司离住的地方不远，但他为了给公司的人留下一个好印象，还是早早起床洗漱，之后又穿上一套职业装，把自己打扮得非常精神。

他本以为，这样做可以引起公司的领导和同事们的注意。可是事与愿违，到了公司之后，人力资源部经理把他领到他所工作的后勤部之后，就再也没有人搭理他了，同一部门的同事们也没有人主动跟他交流。

小赵在座位上等待部门经理安排任务，可是等了半天，经理也没有来，他只好自己去找。部门经理对他说："小赵啊，你去把饮水机的水换一换，再去帮大家买些充值卡，捎带着把大家的午饭买回来……"

从此，小赵开始做这些琐碎的事情。过了一阵子，小赵感到非常郁闷和无奈，他也不知道该如何是好，拒绝吧，又担心部门经理会生气。本来对于他来说，帮助同事是非常乐意的一件事情，可是没有一个人说声谢谢，没有人对他的行为表示肯定。更让他生气的是，仿佛这些琐碎的事情在同事们眼中都成了他的“本职工作”。对此，小赵连续失落了好几天，脸上根本没有一丝笑容，心里也一直抱怨部门经理不“体察民情”。就这样，小赵在压抑和抱怨中工作了几个月的时间，最后辞职走人。

此后，小赵的情绪一直很坏，在求职中也屡屡碰壁，完全没有了当初的劲头与信心，原本一个乐观开朗的小伙子，变成了一个满腹牢骚的人。

小赵是职场新人，由于没有经验，所以没有处理好与上司、同事之间的关系，因而心生抱怨。但抱怨根本解决不了问题，相反，还会让自己的心情一直低落，根本感觉不到快乐。我们周围还有很多像小赵一样的人，抱怨生活不公平、不如意，总是不能进入那扇快乐之门，一直生活在抑郁、忧伤之中。

人活一世，肯定会遇到各种各样的情况，这其中也会有让我们感到心烦、让我们抱怨的事情，但这就是生活。很多人在面临这些情况的时候，常常会显得非常低落，甚至是手足无措，爱抱怨、发牢骚。如果你整天沉溺在自己的悲伤情绪中，或者沉浸在无边的恼怒之中，你就永远也发现不了快乐。

所以说，爱抱怨其实是很愚蠢的。要解决这个问题，非常简单，不管什么时候，不管面临怎样的情况，只要我们能够始终保持微笑就好了。微笑具有不可估量的力量，当你对一个人微笑时，他也会还你一个微笑，你们彼此都会获得一个好心情。

世界会因你的微笑而改变，生活会因你的“毫无怨言”而变得更加美好。

我的朋友刘松是一家金融投资公司的部门经理，在同事们看来，他总是深沉而严肃，一天到晚脸上都难以出现一丝笑容。正因为这个原因，他没有亲密的朋友，没有谈得来的同事。

他的个人生活也非常糟糕，与太太结婚十多年，日子非常枯燥无味。太太这么多年来，也难得看到他微笑一次。为此，太太不止一次抱怨过他。

一天早晨，刘松照例洗漱完准备上班。突然，他从镜子里看到自己绷得紧紧的脸孔，感觉非常僵硬。他吃了一惊，心中开始不安。他给我打电话，向我说出了他的不安。我想了想也不知道如何安慰他，就说带他去看心理医生吧。看心理医生时，他将自己的苦水倾倒了出来。医生建议他多微笑，逢人就微笑。

之后，刘松就尽量做到医生的要求。早晨，太太叫他吃早餐，他立刻高兴地回答："我马上来。谢谢你天天为我做早餐，你辛苦了。"说着便满脸笑容地走了过去。谁知他的太太愣了神，没有想到他今天会跟往常不一样。不过，她还是高兴地说："你今天是不是遇到好事情了？"他愉快地回答说："从今天开始，我们都要生活在喜气洋洋的氛围中。"

来到公司，刘松微笑着向同事们打招呼。大家在诧异和好奇中接受了他的转变，并对他报以微笑。慢慢地，他跟同事们打成了一片，无形之中关系拉近了不少。如今的刘松跟之前完全是两个人，之前他阴沉、严肃，而现在他快乐、轻松，感觉自己充满了能量。

如果你能意识到自己不该抱怨的话，那就应该时刻保持微笑，积极调控情绪，多跟积极阳光的朋友往来，每一天都在愉快的气氛中度过。

无论生活给了你多少失落和波折，人生给了你多少辛酸，只要你回报一个微笑，让微笑的花朵永不凋谢，那么你就能拥有一份内心的宁静与淡然。给生命一个微笑，你的生命将因微笑而精彩，你的微笑同时也将因生命而美丽。

抱怨只会产生问题，优秀之人能解决问题

生活中总是有很多喜欢抱怨的人，他们每天喋喋不休，不是抱怨工作累，就是抱怨待遇低；不是抱怨升职太慢，就是抱怨办事太难……可是，当我们喋喋不休地抱怨的时候，是否发现有些人却一声不吭，只顾埋头工作。难道他们没有不满意的事情吗？还是他们为了讨好上司而阳奉阴违？难道他们的心理承受能力就那么强吗？

过不了多久，你会发现，你曾经抱怨的那些事现在都成就了那些不抱怨的人。他们是事业和生活的宠儿。老板爱戴，同事喜欢，甚至连邻居家的孩子都喜欢他们。这是为什么呢？

因为大多数人都只想着抱怨，从没想过如何去解决问题。在他们看来，抱怨无济于事，任何时候，办法都比问题多。即便是自己的条件不如他人，即便是遇到那些不公平的待遇，他们也能暂且忍受。这正是他们的优秀之处。

善于解决问题的人就是优秀的人。不论在任何情况下，他们都会把他人的抱怨看成是解决问题的机会。

某市物价局的一名干部，从来都是任劳任怨，从不抱怨。

他是从部队转业的，没有什么特殊技能，参加工作的头三年，全局的办公室都是由他打水扫地。每天，他都是第一个到单位。后来办公室又来了一个年轻人，他的地位上升了，但仍然坚持打水扫地，总是比别人“多干”一些分外之事。别人不理解，他却没有一点怨言。

有次，领导对他写的办公室材料不满意，要求他重写。他尽最大努力写好上交。领导很高兴，可是却得罪了办公室的人。这下，办公室的人几乎都与他为敌。但是，他没有辩解，照样热情工作。而且办公室有需要帮忙的，他也像以前一样当仁不让。

他所在的科室主任于五年后被调走，大家都认为主任之职非他莫属。没想到，领导却从别的科室提拔了一个副主任来当主任，把他“下放”到了在偏远山区的物价所。机关里很多人都议论纷纷，说他主要是“缺少活动”。但他却没有找领导诉苦，也没有表现出不满。

谁都没想到这个有点窝囊的人在十年后竟然当上了物价局的局长。人们问退休的老局长为什么看好他，老局长回答：“每次晋级评比，不论评上还是评不上的都是满腹牢骚。什么去基层太苦，薪水太低、环境太差、无法照顾家庭等。我的脑袋都要爆炸了。可是，我从来没有听到他抱怨过什么，他总是在想办法解决问题。他在基层能一干八年，解决了那么多遗留问题，你们能做到吗？”

人们这才终于明白，原来这个“老蔫儿”的长处就是不抱怨。

职场本来就是最容易产生牢骚和抱怨的地方，唯有勤勤恳恳才有进步的机会。道理很简单，僧多粥少，位居“金字塔”中上层的寥寥可数。每个金字塔底部的人，都渴望自己早一点快一点上去。但是，社会从来都是不公平的，由于各种原因，不可能保证每一次的人事变动都能够公平。因此，那些自我感觉非常良好，以为某个位置天经地义非我莫属的人，一旦发现愿望落空，就会采取各种各样的方式，发泄心中的不满。甚至会一怒之下撂挑子，给领导脸色看。领导对他们怎么能有好印象呢？

那些不抱怨、默默工作的人，反而会给领导留下深刻的印象，领导觉得他们可以委以重任；他们在别人抱怨的时间中默默无闻地工作，从而为领导减轻压力；他们自觉地做着许多分外的事情。如此，领导能不青睐他们吗？正是因为不抱怨使他们能集中精力在工作上，于是他们工作时不仅主动，而且谦逊，职位得到提升也是很自然的事情。由此可见，不抱怨，是一种态度，也是一种智慧，它不仅可以建立和谐广博的人际关系，而且能够帮助自己开辟一片新天地。

每个人不管在什么组织，任劳任怨，做出优秀的业绩，为组织创造价值，才是被提升的基本原则。因此，如果你一直对自己的职位不满，认为是屈了自己的才，那就不要总是抱怨领导没有给你机会，不妨仔细问问自己，是否在领导交给你任务后，你能够圆满完成？

抱怨有时候就是推卸责任。不论在生活还是在工作中，每个人都会面临种种困难或问题，担任职务越高的人，其面对的困难或问题则越多。优秀的人接到公认困难的工作任务，不给自己找不完成的理由，也不在面对问题时掺杂任何消极的态度，试图推给别人。他们总是以阳光视角积极面对困难或问题，积极尝试。如此，即便没有发生他们预料的好结果，上司也会改变对他们的看法。因此，如果你有时间抱怨，还不如把时间用在寻找克服困难、改变环境的方法上。只有你能对问题提出两个以上的解决方案，人们才能对你刮目相看。

优秀者，他们成功的共通之处不是抱怨，而是想尽办法去解决问题。遇到困难去挑战它；遇到委屈去化解它。只有不抱怨才能获得成功，也只有不抱怨，才能取得进步。如果你是个总爱抱怨的人，请向那些优秀的人学习，把困难或问题当成提高自己工作能力的一个个机遇。减一分怨气，多一分责任、多一分主动，用实干代替抱怨，那么机会早晚会来到你面前。

且思且寻，只是抱怨不会成长

春风过后，大地会披上新装，万紫千红；雨露降临，满池荷花将如碧海连天；大雪纷飞，香梅总会在熬尽苦寒后傲立群芳。你看，似乎所有的事物都会经历过各自的一段人生后才会茁壮成长、屹立于天地之间。所以，对于我们人类来说，当遇到挫折或苦难时，也不能轻易放弃，要相信风雨后会有彩虹。

在职场上打拼，没有不吃苦的。在这个过程中很多人会有以下抱怨：起床太匆忙，没时间吃早餐；想打车，却被别人捷足先登；打上了车，道路却十分拥堵；策划做得不好，被上司当着所有同事的面批评；同事升了职，自己还在原地踏步……你似乎很有底气地说："整天被这些烦心的事情纠缠，人生根本不快乐，我无法改变这些，抱怨抱怨也不行吗？"

如果你的眼光只关注这样的事情，自然会滋生抱怨的心理，很难得到快乐。你之所以抱怨不快乐，那是因为你没有在工作中挖掘到那些快乐的事情，而只是关注了痛苦。

快乐不是凭空等来的，而是需要你去寻找与发现。只有积极发现快乐，你才能领略到快乐的美好。

派克市场是美国西雅图市一个非常特殊的地方，之所以这样说，是因为这里跟一般的市场有所不同，在市场尽头的一个鱼摊前充满了快乐。来到这里的众多顾客和游客都一致认为，到此处买鱼是一种快乐的享受。

原因就在于，这里的鱼贩虽然整日被鱼腥包围，每天都干着繁重的工作，但他们总是将笑容挂在脸上，而且他们个个身手不凡，工作起来就像是马戏团的演员在表演一样。尽管海风让这里很冷，可是这个鱼摊却让这里变得温暖起来。

有一位来自威斯康星的游客选了一条三文鱼，只见鱼贩淡定地站在原地，抓起鱼向后面的柜台扔去，并且喊道："这条鱼要飞到威斯康星去了。"柜台后的鱼贩也露出笑脸，顺势将空中的鱼接住，还不忘来一句："这条鱼飞到威斯康星了。"话音刚落，这个鱼贩就将这条鱼打包完毕了。围观的人们见他们整个动作一气呵成，不禁齐声欢呼，大家在笑声中买了鱼满意地离去。

这个特殊的鱼摊就是著名的派克鱼摊。跟市场上其他的鱼摊相比，它并不出众，可是为什么它具有这么大的魅力呢？

有一次，一位记者专程来采访这里的鱼贩，问道："你们在这种充满鱼腥味的地方做苦工，为什么还能保持这么愉快的心情呢？"

其中一个鱼贩回答说："几年前，这个鱼摊处于破产的边缘，于是大家整天抱怨。后来有人建议说，与其每天抱怨的工作，还不如改善工作的品质。在接下来的工作中，我们发现快乐对于自己和顾客来说都非常重要，于是我们不再抱怨生活的艰难，而是把卖鱼当成一种艺术，创造了‘飞鱼表演’。不管哪一天，只要来了客人，我们都要亲切地问候他们，并进行表演。就这样，我们在工作中找到了快乐。”

这种工作气氛还影响了附近的居民，他们经常到这儿来和鱼贩聊天，让自己拥有他们的好心情。后来，甚至有不少企业主管专程跑到这里来学习他们那种既愉快又有活力的工作方式。

所以说，一个人能否快乐完全在于个人的选择，无论你身处何种环境，无论你的心情糟糕到何种地步，只要在工作中寻找并发现乐趣，就能享受到快乐。

美国石油大王洛克菲勒曾说过：“如果你将工作看成是一种乐趣，那么你的人生就是天堂；如果你将工作当作一种义务，那么你的人生就是地狱。”

很多时候，我们总在抱怨工作的繁忙和单调，心中充满烦恼和无奈。其实你不知道，工作总是快乐的，而这种快乐的秘诀，不是做自己喜欢的事，而是“喜欢自己做的事”。工作的快乐其实就在每一个细节之中，需要你用乐观的心态去体味与领会。

我有一个妹妹叫晓可。她大学毕业后，开始四处找工作，尝试过多种工作之后，被宝宝网录用了，成了一名网络编辑。晓可爱好文学，加上又非常喜欢小孩子，所以对这份工作很满意。在工作中，晓可能经常跟准妈妈们交流，并能在组织的现场活动中看到一群可爱的宝宝们。虽然有时候会需要她得加班，可是她没有半句怨言。她还经常对同学提起自己的工作："我在工作中不仅学到了很多育儿知识，还结识了不少朋友。"

相比之下，在晓可的单位里，还有几个"怀揣梦想"的大学生。他们从事网络编辑工作之后，觉得工作十分枯燥，每天都在重复同样的事情，毫无新意可言。因为理想与现实的巨大差距，他们在心理上无法找到平衡，因此满肚子牢骚，最后，他们离开了公司。

微软公司联合创始人比尔·盖茨说过："如果只把工作当作一件差事，或者只将目光停留在工作本身，那么即使是从事你最喜欢的工作，你依然无法持久地拥有对工作的热情。"一个人对工作没有热情，自然不会感受到其中的乐趣，只会抱怨这个，抱怨那个。

对待工作，不该有抱怨的心态。有一句话说得好："没有抱怨，你不一定会成功，但是有抱怨，你一定不会成功。"抱怨是妨碍我们工作顺利和事业成功的大毒瘤，必须铲除。

美国著名的成人教育家卡耐基曾说过这样的话："如果我们有着快乐的思想，我们就会快乐。如果我们有着凄惨的思想，我们就会凄惨。如果我们有害怕的思想，我们就会害怕。如果我们有不健康的思想，我们就会生病。"

在这个世界上，命运往往是公平的。很多时候，上帝在关闭一扇大门之时，必定会留一扇希望之窗。与其死守着那扇紧闭的大门怨天尤人，不如转身尽快找到属于自己的那扇窗。打开窗户，外面就是一片蓝天，遭遇困难和挫折时，没必要怨天尤人，因为等待你的，可能是一片更宽广的天地。

用乐观的心态去勇敢地面对苦难，尽快排除抱怨的情绪，并且积极努力地应对生活，那么，这样的人定能远离抱怨与牢骚，定能从灰暗走向光明。

所以，我们要时时提醒自己，对工作充满兴趣，发掘工作中的快乐，而不是关注其中的痛苦，那你就能成为一个快乐而不是整天抱怨的人。

好好生活，其他事交给上天

对于二十四节气，我并没有多少了解，但唯一不会忘记的，就是立秋。并非我对秋天有多少迷恋，而只是一种习惯，习惯闻它的味道，喜欢感受它带给我的气息，一种优美的凉，一种落寞的美。岁月流逝，人生万千，我懂得欣赏每个季节带给我的美，如春风的清凉、下雨的畅快、冬雪的凄美。只是唯独到了秋季，内心会产生一种莫名的伤感，秋叶的凋零，与夕阳的落寞共为一色，也于我的伤感融为一体。此时，我的内心总是寂寞。

每当此时，总感觉自己是寂寞的，孤苦伶仃一人在外漂泊；总感觉自己是孤单的，身在茫茫人海中，却难寻一知己；总感觉自己是不幸的，到了而立之年，却无成家也无立业。但静静细想，世界上比我不幸的人还有很多，所以我不是最不幸的。没有任何理由让我天天背负着自己的不幸而生活，要知道：丢弃沉重的包袱，用更好的心态去迎接每一天才是最重要的。

我爸的一个朋友，前几年因为炒房地产成了拥有百万资产的富翁，现在他却破产了。

心灰意冷的他漫无目的地游荡在街头，想着昨天自己还是这个城市数一数二的富翁，拥有着敞亮的办公室、众多的员工和漂亮的别墅，而现在自己却和一个乞丐没有两样。这个城市也变得如此陌生。

有一天，他抬头看到了一家高档的酒店，那里是他以前经常去的地方，而现在他的心里却异常难过。

“天哪！为什么要这么对待我？”他声嘶力竭地抱怨道，“我的生活从此变成了地狱，我变成了乞丐，再没有人理会我了！”

这时，他看到了一个没有双腿的人，但是他用两条手臂支撑着在“走路”。他走得很缓慢，也很吃力，这个人一步一步地从我爸这个朋友身边“走过”。那一刻，他感到一种震撼。

“他失去了双脚，但是还在用双手来支撑着身体，面对着他的人生。而我，不过是失去了一些金钱而已……”他喃喃地说。

他忽然发现，自己远远不是最不幸的人。和某些人相比，自己是非常幸运的，非常值得被羡慕！有什么理由不珍惜自己所拥有的呢？于是，他重新振作了起来……

这是他有一天去找我爸，我们看到他和颓废时判若两人的样子后感到好奇，于是他给我们讲了他的故事。

许多人遭遇不幸时，都会以为自己是最不幸的。在你喋喋不休的抱怨自己命运不佳，没有出生在一个好的家庭的时候；在你感叹自己命不如人，没有升官发财的时候；在你看到别人的好车好房而艳羡不已的时候；在你感叹时运不济，自己失去了很多东西的时候，请仔细看吧，在你的身边还有很多不如你的人，他们的境况比你还要糟糕，虽然你不是最好的，但肯定也不是最差的。

请看这样一篇文章：

朋友，当你睁开眼睛去迎接新的一天的时候，你应该感到庆幸，因为你还能够自由呼吸，要知道，每星期离开人世的人不下百万，你是多么幸福。

全世界大约有五亿人都经历过战争的痛苦、被囚禁的孤独、饱受着饥饿的折磨和忍受着被虐待的痛苦，若这些你都没有经历过，那么你已经比这五亿人都幸福了。

若你今天走进了教堂或者寺庙，或者参与了任何一个宗教活动，你许下了自己的心愿而收获了快乐，你没有被拘捕、受刑罚，甚至死亡，那么你已经比三十亿人都幸运了。

全世界大约有 70% 的人没有食物吃，没有足够的衣服穿，没有栖身之所，倘若这些你都拥有，那么你已经比全世界 70% 的人幸福了。

据联合国“世界粮食日”的有效数据统计，目前地球上正有三十六个国家深陷于粮食危机，八亿人都在饿肚子。尤其是发展中国家，大约两成以上的人都没办法获得足够的粮食，而生长在非洲大陆的孩子，由于粮食短缺，三分之一处于长期营养不足的状态。最让人心痛的是，全球每年都会有六百多万的学前儿童因食物短缺而夭折！

看到这里，你是否感到心痛，同时也明白了自己是多么的幸运！

是的，若是你的银行还有存款，钱包里面还有金钱的话，那么恭喜，你是世界上富有的 8% 的幸运儿里的一员。

倘若你的父母亲都在世，且他们没有离婚或者分居，那么你属于异常幸运的稀少一族。

若你还能够每天充满感恩，时时把微笑挂在脸上，那么你真是有福了。因为人人都可以这样做，但是他们绝大多数都没有。

若你在一个人受伤或者失意时轻握他的手或者微笑着拥抱他，哪怕只是简单的拍拍他的肩膀，祝贺你，你所做的已经等同于上帝才能够做的治疗了。

若你读到了这段文字，那么没有人比你更有福了，因为这是全世界二十亿人都不能够阅读的，你的福气是双倍的。

看到这里，你就会发现，你已经是幸运一族中的一员了。

古人笔记小说中有一首《行路歌》："别人骑马我骑驴，仔细思量总不如，回头再一看，还有挑脚夫。"语言虽俚浅，却足以醒世。

人生有许多东西是无法选择的，比如出身、与生俱来的疾病，等等，但我们可以选择以怎样的方式和心态生活。要时刻告诉自己：我们是幸运的，还有更多不幸的人或事。就像一位哲人所说："年轻人，记住我一句话吧：这个世界上，除了死亡，没有什么是大事。只要你活着，就是幸运的。好好地过好每一天吧。只有你自己才是最好的医生，别的人对你都无能为力。"

假如你还是想不开，就好好想想吧。人生在世平均七十年，你还有多少年呢？自己背着书包上学，好像是昨天的事情，眼下儿子就要上初中了。几十年以后，便会尘归尘土归土，还有多少年可以让我们体会这人生的精彩呢！

因此，我们既然活着，就要尽好责任，享受好生活。至于以后有没有厄运，那是上天的安排。只要我们尽力去生活了，无论结果如何，都不要抱怨，而要努力保持平和的心态，保持一种达观的生活态度。

第八章

没有攀比就没有烦恼：别生活在别人的世界中

攀比是烦恼的源泉，莫奢望别人的美好

生活中，很多人的烦恼往往是因为攀比产生的，而攀比又往往是觉得别人比自己有面子。如果一个人总是拿自己的缺点和别人的长处相比，就会觉得自己什么都不如别人，从而使自己陷入自卑和烦恼。

健康的人很少关心自己的身体，即使有一个良好的体魄他也并不会因此而感到幸福，疾病患者却能深深体会到健康的重要性；穷人常常觉得有钱了才叫幸福，而有钱人却认为轻松自在、无忧无虑的生活才是幸福；爱攀比的人总是遥望着别人那虚不可及的美好，而看不到自己已经握在手中的幸福。

英国伟大的哲学家、文学家培根曾经说过："一切恶行都围绕着虚荣心而行，都不过是满足虚荣心的手段。"攀比很大程度上是由虚荣引起的。俗话说："人活一张脸，树活一层皮。"很多人为了"面子"而不切实际地与别人盲目攀比，他们不惜打肿自己的脸充当胖子，迷失在无尽的攀比中。

有这样一则寓言：

一头牛在草地上吃草，没留神踩死了几只小青蛙。

一只侥幸从牛蹄下逃生的小青蛙找到了青蛙妈妈，告诉它，那些小青蛙被一个庞然大物踩死了。

“很大？”青蛙妈妈开始把身体鼓起来，不服气地说：“有这么大？”

小青蛙回答说：“噢！亲爱的妈妈，那只大野兽要比这个大得多。”

“那么有这么大？”青蛙妈妈深呼吸，肚子更加的鼓了。

小青蛙说：“就算涨破了你自己，也还是没有那家伙一半大。”

不服气的青蛙妈妈把自己涨得像圆球似的，“这次该和它一样大了吧？”没等说完，青蛙妈妈已经涨破了身体。

青蛙和牛本身就有很大的差别，牛即便再小也大过拼命将自己吹胀的青蛙。认不清自己的位置，盲目攀比，只会自取灭亡。

一个人不能认清自己，就很容易陷入彻底盲目。牛顿曾经说过一句谦虚自知而又充满智慧的话：“我看得远，是因为我站在巨人的肩膀上。”

每个人都有自己的优点和缺点，正所谓：“梅须逊雪三分白，雪却输梅一段香。”顽强的常青树往往无花，娇艳欲滴的花朵却往往无果。没有永远的失败者，亦没有永远的赢家，我们切莫因为盲目地攀比而失去了内心的平衡。眼光的注视，少在他人身上投放，多多关注自己，人生便会更加快乐。有句话说得好：“与他人比是懦夫的行为，与自己比才是真正的英雄。”自己的心智也能获得更加健康而快速地成长。

在竞选一个重要职位时，一个各方面都很优秀的女孩输给了一个名不见经传的应届毕业生。这位毕业生各方面都平庸无奇，她赢得这个职位的原因很简单：她是副县长的女儿。

这个女孩相当不服气。她回到家里，气呼呼地把事情说给做了一辈子农民的父亲听。父亲默不作声，听完女儿的抱怨与诉说后，起身拿了锄头吩咐女儿和他一起去地里锄豆子。

老父亲在村西的岗地里种上了豆子，岗下是同村王叔家的花生田。由于岗下的土地本身就比较肥沃，所以花生郁郁葱葱地生长在下面。

父亲向岗下面指了指问女儿："那里是什么？"

"花生地啊。"女儿不解。

"那这里呢？"父亲指着岗上自己家的地。

"豆子地啊。"女儿更加的迷惑。

"这两片地哪片长得好啊？"

"自然是岗下的花生地长得好！"女儿比较了一下说。

父亲缓缓地说道："豆子不是花生，花生不是豆子，两样不同的东西怎么能比出好坏来呢？"

看着女儿还是不理解，父亲又说道："你说，咱们家的豆子能长出花生来吗？"

"自然不能。"

"那岗下的花生地能结出豆子来吗？"

"这个，也不能。"

“是啊！就像种瓜得瓜种豆得豆的道理一样，我们不能胡乱与人攀比。做好自己的分内事就行！”

这位父亲是睿智的，他用生动朴实的例子告诉女儿：每个人都在生活中扮演着属于自己的角色，盲目攀比的结果只会是迷失自我，最终给自己带来不必要的烦恼。

每个人因背景不同，所以人与人之间的差距还是很明显的。有攀比心理很正常，如果通过攀比能让自己进步或是努力，也算是一件好事。但因一味地攀比而看不到自己的长处，只看到自己的短处，继而抱怨、愤怒、心生忧愁和怨恨，甚至萎靡不振，那样便得不偿失了。

“人贵有自知之明。”也就是说，我们要对自己有一个正确全面的认识，知道自己的优点和缺点，在待人处世时扬长避短，使自我的优势得到最大的发挥。这样就会慢慢形成一种良好的心态，凡事量力而行，不再强迫自己。

我们每个人的心中都应该放一把客观公正的尺子，既不夜郎自大，也不妄自菲薄，了解自己的角色，才能做回自己。

人活着，难道只为了和别人“比”

在生活中总有些人喜欢和别人一较高下，如果工作职位比别人低，收入比别人少，就会自怨自艾，抱怨上天不公。他们常常拿别人的标准来衡量自己，自己给自己造成混乱和迷茫，甚至使自己不得安宁。

我的表妹杨小文在一所名牌大学读完研究生后进了一家著名的外企公司工作，同事要么没有她的学历高，要么专业没她好。为此，她很有优越感，觉得自己肯定会比这些人更容易得到重用。

两个月后，当她仍然在做最基础的工作时，上司居然提拔了只有本科学历的于晓月做办公室副主任，负责对结算工作的审核，这让杨小文感到失落并且愤愤不平。

她想不通为什么会这样，觉得上司不公平。她整天想着这件事，甚至无心工作，只想赶快跳槽。这天，在结算时，她因为分心而把一笔投资存款的利息重复计算了两次，虽然没有给公司造成实际损失，但整个公司的财务计划却被打乱了。

事后，杨小文并没有觉得自己犯了多大的错误，她觉得这不过像是做错了一道数学题一样，只要改正过来，下次注意就是了。她的这种满不在乎的态度让上司很不放心，以后再有什么重要的工作就总找借口把她“晾”在一边，不再让她参与了。

杨小文更觉得不公平了，当她的抱怨传到上司耳朵里的时候，上司找她谈话说：“其实，我们最开始的计划是让你在基层锻炼一段时间，然后让你担当更重要的职务。不过，让我们很失望的是，你一直在抱怨我们对你不公平，并且没能做好最基础的工作。所以，并不是我们没有给你机会，而是你自己不懂得把握机会。”

没过多久，杨小文不得不辞职了，而她也终于知道，她不是败给了别人，而是败给了自己。

盲目地攀比只能让自己徒增烦恼、哀叹命运的不公，实际上就是在摇首叹息之际将自己的命运交给了别人，这只是在自毁前程。

人要学会知足，我们的眼光总看向比自己优越的生活，却忽视了还有许多人正过着比自己更加艰苦的日子。能够快乐的人，不是因为他的物质生活有多么丰厚，而是因为他们懂得知足。整天抱怨的人也并不一定生活在最底层，而是因为他们的目光只盯在那些比自己富有、成功的人身上，对比之下总认为自己的境遇糟透了，殊不知还有很多人的命运比他们更加曲折，过着比他们更加悲惨的生活。

柏拉图曾经说过：“人类没有一件事是值得烦恼的。当克服一次挫折之后，你便提升了一次自我。”如果人在逆境之中仍然能够坚定自己的信念，有着绝不放弃追求成功的勇气，那么逆境和挫折将会是你人生中一笔宝贵的财富，否则，逆境只会让人一蹶不振，带来真正意义上的失败。

英国知名作家约翰·克里西年轻时非常勤奋地写作，寄出了七百四十三封稿件，但相继被退了回来。在打击面前，他没有退缩也没有灰心。他知道，最坏的结果无非是被再退稿而已。既然已经经历过最坏的结果，那我还怕什么呢？已经承受了一次次失败的痛苦，如果他就此罢休，那之前所有的努力和折磨都将变得毫无意义。一旦他坚持下去，获得了成功，每一封退稿信的价值全部都将被重新计算。正是凭借这样的想法，他坚持了下来，并最终取得了成功。

内心强大的人，他是不会在逆境中低头止步的。美好的命运也不会眷顾那些对逆境心存愤懑、抱怨命运不公平的人。

在艰难困苦中保持乐观的人，善于磨砺意志，他们知道抱怨毫无价值，唯有自己不断努力，才能在最险峭的山崖上扎根，成长为最伟岸挺拔的大树。一味地抱怨，不知前进，只会使你的生命之树弱不禁风。

因此，当你取得一点点成功的时候，就应该往前看看那些最优秀的人，和他们比较差距。同样，当我们身处逆境时，应该学会多向后看，事情还没有那么糟，想想那些最糟糕的结果，那些比我们更悲惨的人们，才不会抱怨自己的情况太糟。

生活大多一样，无需敏感地四处比较

敏感的人总是感慨外貌不够养眼、身材不够火辣；抱怨生命的不公，上天没能给你一张明星脸，让你的这辈子都与娱乐圈无缘……

敏感的人总是羡慕别人降生在富贵之家，而自己却出身贫寒，没有可依赖的靠山，抱怨命运的不公，愤懑自己奋斗多年不如别人的一个起点……

敏感的人甚至总想着自己的诸多不幸：当女人没找对象的时候，男人都想找漂亮的；当女人找对象的时候，男人都想要贤惠的。当我们还没能工作的时候，工作是可以分配的；当我们可以工作的时候，撞得头破血流才勉强找到一份饿不死人的工作……

但很多人没有想过，就算没有好看的面容，也并不阻碍你在其他行业和岗位上成为最耀眼的“明星”；就算没有生在富贵之家，你的才华也更容易被发现和认可。

有位闻名遐迩的雕塑家，她也是经营雕塑精品的大老板，虽然腿有残疾，但她在过去的十几年中从未停止拼搏。当听到有人对她说“如果不是残疾，恐怕会更有成就”的时候，她豁达一笑，回应：“你说得也许有道理，但我并不感到遗憾。因为我如果没有小儿麻痹症，肯定早就下地当了农民，哪有时间坚持学习，掌握一技之长呢？从这个意义上说，我应感谢上帝给了我残缺的身体，同时也给了我坚强的生活信念和立志成才的勇气。”

不要再整日怨天怨地，对自己生不逢时充满牢骚和不满，像“祥林嫂”转世一样不停地碎碎念，认为自己生活在水深火热之中。既然你没有孔明“运筹帷幄，决胜千里”的明智扭转时局，也不懂姜太公“能掐会算”的神功洞察未来，唯一能做的就是怀着一颗平常心，去接受生命给予你的一切。

因为人生本就喜怒无常且变幻莫测，人生旅途中的遭遇也都无法预知，老天不会与你商量后才去创作“剧本”。现实已无法改变，与其低头郁闷，倒不如放开心胸去接受，无论是天崩地陷还是电闪雷鸣，既来之则安之，你才能找到幸福的出口。

所以，生命给了你什么你就坦然接受什么，才能继续走好下一步人生。

有个女孩，一生下来就双目失明。她一生中从事着一件工作：种花。

父母也曾带她四处寻访名医，却都以失败告终。于是，从她懂事那天起，性格上便有些胆怯和自卑，进入青春期后的她甚至服用过安眠药试图自杀，幸好被发现后及时送往医院才得以捡了一条命。但是从鬼门关走了一圈后，她却像变了一个人，重新地认识和接受了自己。她觉得生命给了自己这样的磨难，或许是对自己坚定意志的考验。于是，她振作后努力学习，没有眼睛就用一颗关爱的心去感受生活。

从特殊教育学校毕业后，她继承了母亲的工作。母亲是远近闻名的花匠，女承母业，她别无选择，然而她天生是个盲者，从不知道花是什么样子。别人告诉她花是美丽的，她便用自己的手指细细地触摸，从指尖到心灵，真切地体会着美丽的含义；有人告诉她花是香的，她便俯下身去用鼻子小心地嗅出一种芳香来。几十年过去了，她像对待亲人那样对待着花儿，她种出的花，据说是小城里最美丽的。

这个女孩种了一辈子的花，却从来没有见过花是什么样子，然而她是快乐的，因为她实实在在地接受了自己，深深地懂得了自己制造美丽比欣赏美丽更为有趣。

快乐的真谛是“接受”，学会“接受生命的给予”，再加上努力奋斗，你就迈上了成功与幸福的台阶。人活在世上，都会有不顺心的事，也都会遇到困难和无法拒绝的逆境。有的人意气风发，有的人萎靡不振，这就需要我们有一个良好的心境，去坦然接受生命的给予。只有接受了，才能够走好人生的下一盘棋。

有句话说：“上帝散给人间的苦难与月光一样的均等。”这个世界上，没有一个人活得容易，更没有一个人整天被鲜花与掌声包围。所以，你无须再抱怨命运的不公了，从现在开始接受生命带给你的种种，欢声笑语也好，泪水坎坷也罢，展开双臂去拥抱这一切，你将收获人生路上最美好和幸福的时光。

攀比源自面子，“脸皮”真的那么值钱吗

多数人非常爱面子，这已经到了让别人受不了的程度。俗话说：人有脸，树有皮。人活的就是一张脸面，“面子”是一种重要和典型的社会心理现象。林语堂曾认为，统治中国的三个女神是面子、命运、恩惠，在这三个女神中，面子比命运和恩惠还有力量。

的确，中国人最讲究“脸皮”，干什么事都特别在意面子。比如，许多含辛茹苦将儿子培育成人的父母，看到儿子能够光宗耀祖，即使自己吃糠咽菜，心里也是美得不得了，因为儿子给他们在乡亲面前挣足了面子。

其实，适度地爱面子是一种正常而健康的心理状态，这意味着自我意识和自尊心，它使人能够自尊自爱，从而自强自立。相反，如果什么都不在意，有些人就会产生破罐破摔、自暴自弃的心理。因此，适当地爱面子无可厚非。

但是爱面子要有个度，有的人就过了度，他们往往因为要面子而使自己受尽委屈，这就是给自己带上了假面具，套上了枷锁，就真是死要面子活受罪了。这种对脸皮的爱护观念，说穿了，不

是为自己活着，而是在为他人而活着。这种爱面子就是一种高成本低回报的投资，往往会让人得不偿失。

如今已经是 21 世纪了，“死要面子”这种人性的弱点还在不同程度地上演着。

生活中，有些人为了一己私利和虚荣心，不惜任何代价去争面子。比如，某某名誉顾问、某某委员等。结果，投入了大量的精力和时间精心维护，可面子的昙花一现竟然是这么短暂。更有甚者，对于那些违法乱纪的事，因为舍不下脸面，给了人家面子。结果让自己吃不了兜着走。这样的面子不但很累，而且把自己也毁了。对面子如此高投资，结果他们连低成本的收益都没有得到。这样的面子还有必要吗？

由此可见，面子既能成全人，也能毁人。

不管是在生活中还是工作中，总有死要面子的人，而且这类人不在少数。如正在恋爱的小伙子，往往在女友面前会爱摆阔，借钱欠账也要装成有钱人，结果，他们为了面子会出现一些超出自己经济能力的消费；有的人在学习上顾忌面子，不懂的地方也不好意思向人请教，不懂装懂，结果贻误的是自己的前途。因为这种“死要面子活受罪”的行为，而导致家庭破碎的例子也比比皆是。

有对夫妻，丈夫是工薪族，因为他生性豪爽要面子，有人缺钱或急用钱时总是第一个想到他。因此，他们家的钱总是奉献为先，丈夫就是借也要满足别人的要求。刚结婚时，妻子也能挣钱，并没有过度限制丈夫。

婚后不久，随着孩子的出生，这对“月光族”才开始想到攒钱。此时，本来护理小孩就花销大，再加上妻子因为孩子又辞去了工作，仅靠丈夫的工资未免捉襟见肘。

一次月底，家里就剩200元钱了，妻子偷偷把钱藏了起来。没想到丈夫的同学来借钱，死要面子的丈夫又不肯说“不”，结果把妻子藏起来的钱硬是要走了。最后，妻子忍痛典当了陪嫁的金项链才买上了煤，使孩子免于受冻。

不止这些，后来，他们稍有积蓄，丈夫好面子的禀性仍是不改。七大姑八大姨，谁家有事，只要开口，来者不拒。最可气的是小姑子买房说还差点钱，没想到丈夫一下子从家中拿走了10万元，还说这钱不用还了。

丈夫也知道攒钱不容易，怎么为了面子就能打掉牙往肚里咽呢？妻子对他真是又恨又气！

面子像诱饵一样会把你引入深渊，它会破坏家庭的幸福，面子只会让你活得更累。由此可见，投资面子可谓得不偿失。

面子其实就是虚荣心的表现。为人处世，虽然没面子会低人一等、受人歧视。但是，太爱面子，自己也容易吃很多哑巴亏，会活得很累。因此，人应该客观地看待面子，在要面子的同时，也要拥有正常、健康的人生。很多时候，不必太在乎面子。

很多人觉得面子就等于自尊，这会给自己造成不小的麻烦。俗话说：面子无常价，是宝也是草。面子固然重要，但不必为了没意义的面子让自己受苦遭罪，戴着面具折腾自己的人生。如此注重对面子的投资并不是明智的选择，顺其自然最可贵。

丢掉攀比的虚荣心，活着要有平常心

扭曲的自尊心就是虚荣心，这也是过分自尊的表现。有些人无论何时何地，总要表现出自己高人一等，其实，这就是太爱面子的虚荣表现。凡是虚荣心强的人总是活在自欺欺人的幻境中，可结果，往往欺骗不了别人，只能自己欺骗自己，给自己带来许多痛苦。

在国外某机场，一位贵妇人在乘坐飞机时，看到身边居然是位黑人，马上把空中服务员找来，大声地抱怨：

“我花钱是为了享受，你们却把我安排在这里！我可受不了坐在这种地方，马上给我换个位子！”周围的人对她这种做派很反感，但是也没人说什么。

“很抱歉，女士。”服务员回答：“今天的班机已客满，但是为了满足您的需求，我可以去为您查查看还有没有空位。”

贵妇人听后感到很有面子。

几分钟后，服务员带着好消息回来。

“这位女士，很抱歉，经济舱已经客满了，我也向机长报告了您这个特殊的情况，目前只剩头等舱还有一个空位……”

贵妇人得意地看着四周的乘客，起身准备移往头等舱。

可此时，服务员微笑地对着那名黑人乘客说：“虽然这种情况是我们从未遇见的，但机长认为要一名乘客和一个厌恶他的人同坐，真是太不合情理了。先生，如果您不介意的话，我们已经为您准备好了头等舱的位置，请您移驾过去。”

此时，周围的乘客起立热烈地鼓掌，贵妇人羞愧地低下了头。

低调做人，敛起锋芒。人生不能总是风光，如果在风光时，故意显摆招人厌，死要面子的人，常常会丢了面子。因此，我们应当抛弃爱面子的沉重压力，保持一颗平常心，与虚荣心相对照的就是一颗平常心。顺其自然，淡泊生活。

生命的真谛在于和平、自由，拥有一颗轻松自在的心，认真地做自己，这也不失为一种美好的生活。那样，即使你的人生没有荣耀和光环，你也可以发现平常日子中那些令人感动和欣喜的东西。你会读懂一枝一叶、一花一草所散发出的清香和温馨，你会品味出琐碎日子中的一种甜蜜，一种幸福。做一回真实的自我，那样，你会感到无比的轻松。

山区里，一匹马战胜了一只偷鸡的豺狼，因此，主人在它脖子上挂了一朵大红花，在马场上绕行一圈，让所有的马都向它行礼致敬。

这时，一匹小马对它说：“你真了不起，你获得了如此大的荣誉，这在我们马族的家族史上是绝无仅有的，真令人羡慕啊。”

谁知这匹战马淡淡地说：“这有什么好羡慕的，我不过是尽了我的本分而已。”

这匹战马于三个月后在战场上受了重伤，因为无法医治，兽医决定把它送进屠宰场。在进屠宰场时，它又与以前的那匹小马不期而遇，“老兄，想想三个月前，你是何等的威风，现在的处境居然这样悲惨，连我们都不如。一个英雄沦落到这种地步，你的面子都丢尽了。”

谁知，受伤的马平静地说：“这没有什么好悲伤的，我只不过是比你们早走上这条大家都要走的路而已。”

人的一生如簇簇繁花，不能事事如意，既有盛开耀眼之时，也有暗淡萧条之日。不管是荣还是辱，我们都应该以平常心待之。不能因为曾经的荣耀就趾高气扬，也不能因为失意就感觉没脸见人。如果过分地在乎荣辱，烦恼就会滋生。因此，人们只有把面子抛在脑后，才不会被荣或辱左右情绪，才会为自己赢得一个广阔的心灵空间。

凡是取得伟大成就的人，他们都懂得低调行事，不会为了满足自己的虚荣心、为了自己的面子而投资太大。相反，他们非常注意克制自己，时时保持着一颗平常心。

赵匡胤当皇帝后，他最宠爱的照庆公主认为这下可要好好地“秀”一把了。

有一次，照庆公主在宫中观看行宫仪仗时，发现用翠鸟羽毛作装饰的旗子非常好看，回宫后就别出心裁地命人用翠羽装饰做了件外衣，穿上后对着镜子左照右照，心中尤为得意，在宫内走来走去。当然，人们看了免不了恭维一番，公主的虚荣心得到了极大满足。

就在她感到十分快活时，不料被赵匡胤和一群大臣们撞上了。公主想躲开，却被赵匡胤喝住说：“你把这件衣服脱下来，以后不准再穿。”

公主不以为然地说：“这件外衣只是用翠羽稍微装饰了一下，没什么大不了的啊。”

面对公主的狡辩，赵匡胤感到十分生气，厉声斥责道：“你怎么能这样说，翠羽价格高，做这件外衣要浪费多少钱财呀？你的生活已经非常优越了。”然后还撩起龙袍说：“你看看，这袍子我都已经穿了三年了，到现在不还是穿得好好的吗？”说得公主无言以对，只得勉强将翠羽外衣脱掉。

有一天，赵匡胤与照庆公主在一起聊天。公主乘机对赵匡胤说：“父皇，你身为大宋圣明，可惜坐的轿子太没面子了，应该好好装饰一下，以显示我大宋国富民强啊。”赵匡胤深有感触地说：“但我身为天子，理当为天下管理好财富，岂可滥用？如果我只想一人享受荣华富贵，百姓还对我抱什么希望呢？再说，我和历代圣明的君主相比，还差得远啊！他们都能安于平淡朴素的生活，我有必要用金银装饰自己的门面吗？国富民强才是最大的面子啊！”

赵匡胤说得照庆公主哑口无言，自觉惭愧。从此之后，照庆公主也带头收敛起来，和其他宫女一样，平淡做人，素面朝天。

而且，在赵匡胤的影响之下，宫里宫外，朝廷上下，都以穿戴质朴为荣。

在物质生活优越的今天，人们可以适当享受，但不能为了满足一己虚荣而铺张浪费。如果你有着强烈的虚荣心，正确的办法是把虚荣心转为上进心。

人生短暂，万事都应想得开，随时随地保持心理平衡，不论何时何地，都能以平常心处世，处变不惊，笑口常开，做到“得而不喜，失而不悲”，才能把握自我、超越自我。

他人的批评和嘲笑，何尝不是前进的动力

爱攀比的人总是很在乎他人的看法，因此什么事都想做到比别人高一块，让别人高看自己。他们还有一个毛病——疑心重，总觉得其他人总是在谈论自己，总是疑神疑鬼。其实，你想开一些，即便他人谈论的是自己，那又如何？即便有人批评与嘲笑你，那又如何？你若能把他人的嘲笑和批评当作是给自己敲响的警钟，避免自己走弯路，少犯错误或不犯错误，那这就是件好事。俗话说得好，当局者迷，旁观者清。下棋时，观棋人在旁边指点一下，下棋人可能就会恍然大悟，不能接受别人的意见、批评与嘲笑的人，必然不能够更快的进步。因此，面对批评与嘲笑时，我们应该虚心接受。

抗战时，清华、北大、南开南迁昆明，建立了西南联合大学，很多当时的文化名流都齐聚昆明，这可谓是昆明有史以来的一场文化盛宴。在众名流中，有一个不受云南欢迎的人，他就是被作家施蛰存称之为“被云南人驱逐出境”的李长之。是什么原因让

李长之被驱逐出境呢？因为他提出了一些可贵但逆耳的意见。

毕业于清华大学的李长之，1936 年留清华大学任教，次年秋天赴滇任教。李长之才华卓越，其专著有荣获学术界高度评价的《中国文学史略稿》《批判精神》等。来昆明不到半年时间的李长之写了一篇短文《昆明杂记》，随即引起了轩然大波，以至于被云南人驱逐出境。为什么才华出众的李长之会招此恶果？原来，在这篇短文中，昆明人根本找不到夸赞云南人的词语，也找不到赞美云南美景的语句，看到的只是批评、嘲笑和指责，惹得云南人大为恼火，当时昆明大大小小的报社都发表文章对李长之群起而攻之，李长之自知待不下去，只好卷铺盖走人了。

《西南联大》系列书是余斌先生所作，他在文中这样评价李长之事件："李长之尽管恃才傲物，话说得偏激一些，虽有以偏概全之嫌，倒也非凭空捏造，昆明人那时不知为什么竟有点儿反应过度。"

针对"李长之事件"，楚图南先生后来说道："来到云南的学者名流，对于云南的印象总是冠冕堂皇的一套恭维，如云南天时气候如何、人民性质如何、社会秩序如何之类，照他们说来云南真好得像天堂一样，但情况并非完全如此。云南固有得天独厚之处，但也有许多不足。真有自尊与自信者，就不应讳疾忌医，害怕批评与嘲笑，哪怕批评与嘲笑很严厉，有些过火。"

针对当时的状况，楚图南先生还写道："那只是反映了云南社会落后、幼稚、无知，才有着这种需要，需要表面的恭维，无论真心也好，假意也好，至少反映了云南还不能容纳真实的批评与嘲笑，无论是在极细微的地方。也就是云南还没有对人尊重和对学术宽容的雅量。”

余斌先生也针对当时的状况很有感触地说：“你爱夸耀云南是什么什么王国，人家就送你一顶又一顶‘王国’的金冠，你说云南民族文化丰富多彩，人家就说确实丰富多彩。但你能听懂此话背后的意思吗？这王国那王国，不就是些资源吗？所谓丰富多彩，不就是色彩斑斓下面的落后吗？”通过表面看本质，许多学者已经看到了侮辱和欺骗就藏在恭维背后，但深感遗憾的是，李长之事件已经成为既定的事实，再也没有回头可言。

这件事虽时隔多年，但也为我们后人提了个醒：一定要正确对待批评与嘲笑，如果提出批评与嘲笑的人的出发点是好的，即便他们的批评与嘲笑有些过头，我们也不要对其怀恨在心。要学会宽容大度地去包容，然后去反思自己不对的地方。我们要容得下“李长之”式的人在自己的身边。

想要进步，我们就要敢于虚心接受批评、嘲笑和建设性的意见，并且依言而行，这样的表现才算成熟。

你的朋友、同事或者家人，就像是一面明镜，他们能随时指出你的缺点，给予你必要的批评和意见，从而给你前进的动力。因此，不要太过于相信自己的眼睛，毕竟“不识庐山真面目，只缘身在此山中”。有时候，身边一些人的批评、嘲笑和意见，虽然听起来有些尖酸刻薄，但你冷静下来仔细想想，认真地分析分析，就会发现他们所言不虚。

所以，在面对批评与嘲笑时，请用宽心去对待，批评与嘲笑能帮助自己改进工作、克制情绪、完善自我个性，让我们的心态走向积极的方向，如此一来，我们就可以将批评、嘲笑转化为动力，让自己的速度加倍，我们就可以快速前行了。

请冲破固有的思维禁锢吧，用一颗宽容之心去对待批评与嘲笑，你对批评与嘲笑的人所提出的意见充满谢意，虚心承认自己不足的地方，那么你就会像一列疾驰在铁轨上的火车一样，在今后的人生道路中必然会有所作为。

生活没必要攀比，小草也能给大地带来生机

每个人在社会中都有自己的角色，都有适合自己干的工作和任务，如果从事不适合的工作只会让你得不偿失，毫无建树。

很久以前，有一只乌鸦非常羡慕在高空中翱翔的老鹰，很想像老鹰一样来一个漂亮的俯冲，抓住草地上的小羊。于是，乌鸦天天模仿老鹰的动作，拼命练习。过了很多天，乌鸦觉得自己已经练得很棒了，就从树上猛地冲下来，扑到一只山羊的背上，想完成老鹰那样完美的动作。但是，由于乌鸦的身子太轻，直接落到了山羊的背上，爪子也不小心被山羊身上的毛缠住了，它拼命地拍打翅膀，想要从山羊的背上逃脱，却都失败了。前来的牧羊人看见了，把乌鸦抓了去。乌鸦不但没能像老鹰那样抓住小羊，反而把自己的性命交到了牧羊人的手里，乌鸦的盲目模仿上演了一场悲剧。

只要有常识的人都知道，俯冲抓羊的动作适合老鹰，却不适

合乌鸦。但是，这只可怜的乌鸦却以为自己能成为一只像老鹰般的乌鸦，简直荒唐可笑。可是在一笑而过后，你是否有那么几秒钟的顿悟，是不是也在这只乌鸦身上看到了某个时候自己的影子？曾几何时，你是不是也像这只乌鸦一样，因为看到别人的光鲜，就盲目地跟从，而做了一些不适合自己的事呢？

就像人在买鞋、买衣服时一样，36码的脚就只能穿36码的鞋，高大的身材不能穿小号的衣服。最适合自己的尺码才是最舒适的。即使是再昂贵、再精致的东西，如果不适合你，也只能被当做摆设，它本身的价值也就得不到体现。

如果一个人总是在将就与勉强中度日，那将是一件多么痛苦的事。如果你选择了不适合自己的路，就像穿上了不合脚的鞋走路一般，将会异常艰辛，甚至会让自己陷入无法自拔的沼泽。

适合，对我们来说太重要了。在感情中，我们要找到适合的伴侣，这样才有一起营造幸福的激情；事业中，我们要找到适合的工作，这样才有奋发向上的动力；生活中，我们要找到适合的人生方向，这样短暂的一生才不会遗憾重重。

很多时候，也许你的适合得不到身边人的理解，甚至会遭到强烈的反对。但如果你觉得那是最适合你的，就一定要坚持，因为只有坚持，才能让时间证明你的正确。如果你因为得不到认可就委屈放弃，最后一定不会只是遗憾那么简单。能对自己的人生负责的只有自己，除了自己，没有人会为你的错误埋单，连最亲近的人也不能，所以我们在听取别人意见的同时更应该问问自己，这适合我吗？当然，你坚持自己的选择的前提是，这必须是你经过深思熟虑后确定适合自己的。

我有一个哥哥，在政府部门工作了好几年，最后却辞职了，自己开起了小吃店。他放弃令所有人羡慕的公务员工作，不仅让周围的人吃惊不已，更是遭到了家里人的强烈反对，他的父亲甚至以断绝父子关系相要挟。

为此这个哥哥很苦恼，他和父亲谈道："我在机关里每天重复同样的工作，拿着固定的工资，生活没了一点激情。我觉得年轻人应该多闯多拼，我希望能通过创业更快地成长，就算失败也无所谓，毕竟我还很年轻。"就这样父亲才勉强同意。经过几年的磨炼，酸甜苦辣都尝尽的他变得比以前更成熟稳重了。看着颇有成就的儿子，父亲笑了。

很多人都已经认识到，适合自己的才是最好的。不要一味地邯郸学步，因为适合他人的不一定适合自己，也不要勉强自己去做根本无法做到的事情，那样有可能适得其反。只有找准适合自己的位置，你才能更加得心应手，取得更好的成绩。

如果不是耀眼的太阳，那么就做一颗闪烁的星星，照样能在夜里发光发亮；如果不是参天大树，那么就做一棵青青小草，照样给大地一抹生机；如果不是海洋，那么就做甘甜的水滴，照样能滋润万物。你要相信，每一粒种子终归有适合它的土地。

做人就要“挺”自己，没有人能否定你的价值

现实中，我们习惯了在别人注视的目光下生活，也慢慢喜欢用一些华丽的包装去粉饰自己，以迎合别人的看法。当能力、成绩得到周遭的鲜花、掌声和无数的赞美声时，我们才有被肯定的感觉。然而一旦我们自身的价值受到众人的质疑和鄙视，在“嘘”声漫天飞的口水中，我们便对自己彻底失去信心。

“我觉得你完不成这样的任务。”

“你没经验，坚持下去也是徒劳。”

“你的性格不适合从事这个行业。”

“原谅我不能嫁给你，跟了你我看不到未来的希望。”

诸如此类，太多的否定从四面八方涌来，犹如电闪雷鸣般，七嘴八舌的议论，让我们开始手足无措。就像参加节目的男嘉宾受到他人“刻薄”的指责时一样，自我肯定的防线一降再降，甚至也开始怀疑自己的能力和魅力。当接受了别人否定的“批判”，你会变得异常怯懦、自卑，看到朋友们的风光无限，自叹技不如人，认为自己什么都做不成。

浮华背后的都市生活，让我们不堪重负的心灵已经焦虑不安，所以我们时常希望从别人赞许和支持的目光中得到一丝丝勇气，但最终你会发现自己的想法“很傻、很天真”。旁观者大多带着“有色眼镜”在审视你，所谓“伯乐”更是可遇不可求的，所以真正了解和肯定你的人只有你自己，一定要适当地让自己拥有一种“不服输”的倔强。

许多人总觉得别人拥有的幸福是不属于自己的，他们不能与那些命运好的人相提并论。然而他们不明白，这样的自卑自抑、自我抹杀，将会大大减弱自己的自信心，也同样会大大减少成功的机会。试想，一个连自己都不“挺”自己的人，还奢望别人能给你怎样的肯定和鼓励呢？哈佛大学心理学教授泰勒说：“当我们不接纳与生俱来的价值时，我们其实是在渐渐地破坏自己的能力、潜力、喜悦和成就。”

所以，大家应该记住：在这个世界上，除了你自己，没有人可以否定你的价值。

她出生在一个贫穷的山沟，生下来时就只有一只手。她还患有小儿麻痹症，右腿萎缩。在她五岁时父亲病故，母亲是一个傻子。

十九岁那年，母亲走失后再无音信。她靠着村民的捐助才念完高中。但是，当收到大学的录取通知书后，她选择了放弃。因为高昂的学费，已经不是村委会能负担得起的了。当时很多人都认为，这样的女孩就算大学毕业也找不到合适的工作。

女孩从小爱唱歌，天然没有杂质的声音像铜铃一般悦耳，放羊的时候总会高歌一曲。但是全村的人都在背后议论，她身体上有残缺，又没有经过专业的声乐训练，想在音乐上有所发展真是有点“天方夜谭”。然而她却并没有因为听到闲言碎语就放弃了唱歌，也没有因此而感到自卑。

当全村人都为她发愁时，她锁了家门，拄着拐杖，走出了山沟，整整用了三天。没有一个人相信她能出去工作挣钱。但她却毅然决然地走了出去。她在心里告诉自己：我一定能找到工作养活自己。一路上还不停地叨念着：“老天爷把一条命交给我了，我一不能死，二不能伸手要饭！”

在省城，工作并不好找，几天后，她选择了擦皮鞋。她在小区门口擦皮鞋，边擦皮鞋边给光顾的客人们唱歌，客人们每次擦完皮鞋后都夸小姑娘声音好，并且带着愉悦的心情离开。她相信就算自己这辈子不能做歌星，但是能用甜美的声音给别人带来好心情，也算实现了自己的价值。

久而久之，她的故事被他人拍了下来，并在报纸上作了相关报道。于是慕名而来擦皮鞋的人越来越多。直到有一天，一家专业制作手机彩铃下载的网站的负责人，主动找到了她并愿意跟她签署长期的合作合同，让她用自己的好嗓子录制手机彩玲的音乐和网站的原创广播剧。

从此，女孩凭借自己的好声音找到了一份不错的工作，而且她的作品也成了网站点击率最高的作品之一。

女孩没有因为周围人异样的眼光和质疑的态度而自暴自弃，就算身体残疾也没有彻底否认自己生存的能力，而是坚定爱好并不断地给自己打气。

很多时候，我们遇到困难就会责怪命运不公，总以为自己的能力有限，于是逃避退缩。其实只要再努力一点点，幸福就在触手可及的地方，成功只需要多一点自信。自信与积极乐观的态度犹如风帆，那是你乘风破浪的必需品；并且能使你披荆斩棘，直达彼岸。

一位哲人说："你的心志就是你的主人。"不要因为别人不信任的眼神而忧郁迟疑，也不要因为别人质疑你的能力和理想而从此萎靡不振。要知道，没有了自信与积极乐观的态度，就如天空漂浮着的云，游移不定，没有光彩。

如果这个世界上还有一个人有资格否认你的价值，那么这个人就是你自己。如果你真的向自己投降了，那么也就将幸福拱手让出了。我们应该时刻铭记自信者的格言："我想我能够的，现在不能够，以后一定会能够的！"

第九章

想要的越多失去的越多：贪婪是个无底洞，永远都是欲壑难填

贪婪是因为有所求，而又求之不得

人为什么会变得贪婪？因为有所求，也因为求之不得。

羡慕别人有的，自己没有，得到后又觉得不够，所以才会一直追，不管身后的东西已经够自己用上好久。而且，贪婪几乎都会伴随着吝啬，越是贪婪的人，越要把所有东西握在自己手里，不与任何人分享。于是，他们对他人的困难表现出极端的冷漠，甚至会剥夺别人的生存机会。

贪婪的人永远学不会满足，如果你告诉那些贪心不足的人：一个人越贪婪，越是什么也得不到，索取越多反而会失去越多。他们肯定不会相信，反而认为索取越多不是越好吗？怎么会什么都得不到？

那么，让鼹鼠的故事告诉他们，为什么索取越多反而会失去越多的道理吧。

在动物界，鼹鼠可是个勤快的动物。它们整天忙忙碌碌，不停地寻找着食物，把吃不完的食物储存到洞穴里。据统计，鼹鼠一生要储存20多个“粮仓”，足够十几只鼹鼠毕生享用。

然而，鼹鼠最后却会被饿死。拥有众多“粮仓”的鼹鼠怎么可能饿死呢？真是难以想象。

原来鼹鼠在晚年躲进自己的“粮仓”里要享受时才发现，它们的门牙已经长到无法进食，必须啃咬硬物磨短两颗才行。可是，年轻时只顾着储藏粮食了，没想到储藏粮食以外的任何东西，总认为有了粮食就万事大吉，谁知道现在看着成堆的食物却无法享用。唉！鼹鼠只能长叹一声，凄惨地饿死在成堆的粮食上。

鼹鼠的悲剧告诉我们，一味忙于索取，忘记维修保护索取的工具，最后得到再多也无法享受，甚至连命都会搭上。可见，像鼹鼠这样的贪欲又有何好处？

人一旦和鼹鼠一样，陷入贪欲的陷阱里，就会看不见隐患，看不见潜在的危机，看不见自己要付出的代价，就会上演鼹鼠这样索取越多失去越多的悲剧。

欲望的沟壑是无穷的，永远也填不满，所以应该在源头堵塞。人不要总是想着要过多的东西，满足需求就是刚刚好，所有过量的东西都会变成肩膀上的负担，最后想扔也扔不了，耽误你的行程。

拥有与幸福并不成正比，并不是拿到的越多，就越满足。有时候心被占得满满的，人反倒失去了开始时的轻松，觉得处处有负担，一刻不能解脱。满足欲望很重要，控制欲望更重要，不然，生活就会像洪水，使你无处安身。

大家是不是会经常看到这样的场景：

一个小孩在院子里玩，手里拿着一个苹果，在妈妈买来的一篮苹果中，这个看上去最大、最漂亮。他舍不得马上吃掉，一刻不离地拿在手里。

小孩正在得意，看到一个阿姨领着孩子经过院子，那个孩子的手里也抱着一个苹果，比他手里的更红、更大。小孩立刻觉得不开心了，丢掉手里的苹果对妈妈说："给我买一个更大、更红的苹果！"

妈妈说："那要是你又看到一个比那个还大、还红的苹果该怎么办？再买一个吗？"

生活中的许多不如意，都来自和他人的比较。盲目地比较会造成心理的严重失衡。生活有时就像小孩子手中的红苹果，世界太大，你总能看到更大、更红的，如果一一去比较，那就太累了，何况，你怎么确定那个更大、更红的苹果一定是甜的？

人的贪欲是一件很可怕的事，贪欲会消灭财富、地位、才华、成功的地方。不论你曾经功劳多大，地位多高，不论你贪恋的是功名、钱财还是喜好等，一旦你总想着索取反而就会失去更多。

即便你身边没有危机、他人觊觎，但从心理学上来说，一个人越是拼命追求某样东西，就越是得不到这样东西。越在意自己所追求的，心理越恐慌，反而会徒增压力，给自己带来意想不到的损失：很多选手在比赛上失去挑战自己的机会，很多成绩优秀的学生大考时表现失常，很多演员在晚会上不能显示出自己的表演才华，都是因为太在意自己的成绩，给自己造成了压力。如果自己的能力和精力有限，如果对得到的东西不善于管理，那么索取越多，浪费越多，最终还是会失去得越多。

那么，我们应该如何遏制这种过分的贪欲呢？首先要学会见好就收、适可而止。

“物极必反”，在道家看来，任何事情都是过犹不及。事物总是相反相成的。《老子》曾说：“持而盈之，不如其已；揣而锐之，不可长保。金玉盈室，莫之能守；贵富而骄，自遗咎也。功遂身退，天之道也。”意思是说：人如果能认识天道自然法则，明白天赋人生的真谛，不迷失本性，正视现实，就能知足常乐。如果迷于红尘物欲，忘记本性良善，那样就会遭受无尽的苦果。倒不如清心寡欲，安于现实，这样才能从烦恼中解脱出来。

既然贪权揽势是致祸的缘由，既然“祸莫大于贪欲，福莫大于知足”，那么，不该伸手就别伸手。

人要学会如何行事，更要懂得如何收手。不论从事什么职业，学会适可而止可谓一条亘古不变的真理，尤其是投资炒股更需要见好就收。

在股市上，许多不懂股票的新股民往往能够赚到钱，被套牢的股民基本都是过于在意自己的利益，总想再多赚一些的人。中国第一股民杨百万曾经奉劝股民的至理名言就是：适可而止，见好就收。他说，虽然不进股市没有发横财的机会，但他进一步指出，进了股市但是你不懂，本来小康水平也会变成贫下中农。有的人进了股市后总是处于套住——赚钱——再套住——再赚钱的困境中。因此，杨百万特别提醒散户股民，要见好就收，赚了钱就要跑，做到适当的程度就停止。否则，散户股民赚了钱没跑等于是“纸上富贵”。

人不可能一辈子都在成功的巅峰耀眼夺目，那些在贪婪的路上疯狂奔跑的人们，与其有一天要在永无止境的索取中啜饮自己酿的苦酒，不如早点懂得做人做事都要适可而止，见好就收，享受生活的另一番滋味。

莫羡人有，莫笑人无。每个人都有自己的贫穷和富有，但总的来说，只要够努力，现在的生活就适合自己，为什么一定要盯着别人手里拿着什么？你想要别人的东西，总要遇到两个最实际的困难：一、你有能力拿到吗？如果根本没有能力，就一直眼红下去？二、你拿到后发现不好怎么办？如果还能拿着以前的那个倒也不错，可有些时候有些东西不是一直属于你，你放下，别人就会拿走，你再回过头想找，不好意思，没有了，谁让你贪心呢。

生活的智慧在于知足。贪图那些生活以外的东西，即使筋疲力尽，还是有可能追不到最想要的。而知足的人，他们并非没有追求，没有理想，但在生活中，他们总会珍惜拥有的那些东西，并在其中感受到幸福，他们的幸福来自生活之内，心灵自然一天比一天快乐。

人生的乐与苦也遵循着某种平衡，你懂得调节自己，拿自己的拥有对比他人的缺失，就知道生活没有薄待你，你的努力也不是没有意义。如果一味拿自己缺少的去比别人拥有的，那你会发现是个人就比你好，因为每个人都有自己的财富。这样比下去，你成了世界上最不幸的人，真是自讨苦吃。

所以，还是尽量去感受那些幸福的事，别总关注别人在做什么，想一想，你拥有什么，你该如何对待自己的所有，这才是幸福的功课。

过于追求完美，会错过身边原本的美

每个人都在追求完美，甚至有人为了追求它而花费自己一生的时间。我们知道，人们在追求完美的过程中可以不断地完善自己，充实自己，使自己变得越来越优秀，这是一种积极向上的表现。但是，如果过分地追求完美，那就是一种病态了。此时的完美就是一个美丽的陷阱，诱使我们陷入泥潭，受尽折磨。

无论什么事物，都有它的极限，如果我们抱着不能得到理想中的结果就不罢休，同时置事物本身于不顾的态度，那我们只会品尝到苦涩的果实。要明白，这个世界上存在的东西都有一个度，有时候，瑕疵和缺憾也是一种美。

有的人认为，自身的完美主义体现的是一种对生活的认真态度，是一种积极、正确的行为。其实不然，过分追求完美会让你失去生活的乐趣，因为你对完美的向往已经完全蒙蔽了你的双眼，让你看不到沿途的美景。过分追求完美会让你很累，因为无论你怎么努力都不能达到所谓完美的地步，你会否定自己所有的努力和汗水，抱怨命运的不公。

我在旅游时遇到过一位六十多岁的老人，他没有结过婚，过着到处旅行、流浪的生活。他每天都忙忙碌碌、愁容满面，似乎是还没有找到想要的东西的缘故。

我当时问他在找什么时，他说：“我在寻找一个最完美的女人，我要娶她为妻！”

我继续问他：“找了那么多年，去了那么多地方，难道你就没有见到过一个完美的女人吗？”

“有的，我碰到过一个，那是仅有的一个，她真是一个完美的女人！”

“那你为什么没和她结婚呢？”

老人叹了一口气，满脸无奈地说：“可是，她也正在寻找一个完美的男人并同他结婚！”

这位老人之所以还是孑然一身，究其原因，都是追求完美惹的祸。老人因为坚持完美，而错过了很多原本可以拥有的美好东西。他不明白，完美是不存在的，生活更不可能有完美的结果。因为追求完美，人们便会对不完美的东西不屑一顾，这常常会使我们失去很多机会。所以，我们无论是做人还是做事，都要懂得面对现实，从实际出发。

我们只有学会不苛求生活中的琐碎小事，不一味地追求完美，才能拥有更轻松的生活。可是，完美主义者却偏偏给自己设定一个十全十美的目标，要求自己把所有的事情都做到最好，一旦得不到预想的结果就会深深自责甚至沮丧消沉，继而彻底怀疑和否定自己，完全被完美主义束缚住了。这样的生活岂能轻松？岂能快乐？

很久以前，在干旱的沙漠边缘地区住着一位牧人，他的家里非常贫穷。他很羡慕富人的生活，幻想着自己有钱的那一天。然而，现实总是残酷的，他还是过着自己原来的生活。

一天夜里，牧人梦到一位天使对他说："我是幸运之神，住在一百里外的石洞里。你来拜访我吧，不管你有什么愿望，我会满足你的。"

牧人很兴奋，决定前去一探究竟。第二天，他骑着骆驼出发了，走了两天两夜，水和食物都耗尽了。就在他饥渴不堪的时候，他看见前方果然有一个发出七彩光芒的洞穴，走进洞穴里，他见到了光芒四射的天使。

天使把一个红箱子送给他，说道："这个宝物可以让你改变一切。我教你一句咒语，只要你念了它，再把心里想要的东西告诉箱子，之后你打开箱子，你想要的东西就会出现在眼前。但有一个条件，它只可以使用一次！"

牧人很感动，此时他又饥又渴，便问天使："我现在最需要的是一顿饭。你可以满足我吗？"

天使说："可以！"接着天使又交给他另一个蓝色箱子："这是另一个宝物。我教你另一个咒语，只要你念了它，再把心里需要的东西告诉箱子，之后你打开箱子，你需要的东西就会出现在眼前。它也只可以使用一次！"天使说完后，就消失不见了。

牧人太兴奋了，赶紧对着蓝色箱子念了咒语，要一些食物和淡水。打开箱子，他的愿望果然实现了！

次日，他带着万分高兴的心情回去了。一路上他念了咒语，把一件件的愿望告诉了那个红箱子。牧人首先想到了牧场，于是他告诉红箱子，他要一片牧场。有了牧场之后他觉得还需要一片果园，可是只有果园并不完美，所以他又要了一座花园，但是只有花园怎么足够呢？他还需要一幢宫殿，并要求房子的庭院里有一个大水池。而水池底下也不能光秃秃的，要缀满宝石，池里有音乐喷泉，池上有鸳鸯、天鹅等等。另外他想到回到家后，再叫他的太太把她所想要的东西一一告诉宝箱。直到他觉得自己的人生拥有这些东西足够完美之后才停下来。

一路上他非常高兴，然而一天之后，他发现食物越来越少，淡水也快喝完了。他有点懊悔，抱怨道："当时要求的食物和淡水太少了。"但他又想："不要紧！再坚持一天，到了家打开红箱子，那么一切就都有了！"于是，他忍着饥饿和口渴，在沙漠里缓缓地前进着。

第三天，他实在熬不下去，从骆驼身上倒了下来，手里抱着的红箱子也掉在地上。这时，牧人实在撑不住了，于是伸手把红箱子的盖子掀开。顷刻间，他的愿望全都实现了。

只是，他要的花园太大了，房子在远远的另外一端，他要通过花园才能到家门口。他鼓足了劲拼命地向前奔跑，跳进了水池里。跳下去之后，他才想起自己根本不会游泳，于是使劲挣扎，但身体却不听使唤，一直往下沉。他要求的水池太大了，也太深了，他的脚根本够不到池底。

就这样他沉下去，最后，他看见了缀满宝石的池底，还没来得及高兴，就溺死了。在溺死前，他还在拼命挣扎，脑海里只有一句话：“谁来救救我啊！现在我想要的都已经出现在眼前，我的人生即将圆满了，可是一切都完了！”

为了追求完美，这位牧人不停地要求，不停地索取，不承想却因此而丢了自己最宝贵的生命。

世界上没有绝对完美的艺术品，也没有绝对完美的人，更没有绝对完美的生活。过于追求完美的人，常常会束缚自己，就像总想把梦幻中的美景带到现实中的人一样，经常会感到沮丧和失望。你应该静下心来想一想，如果身边的一切真的很完美，那么为什么还会有那么多的人叫喊“不公平”呢？

我们总是希望自己不犯错误，把任何一件事情都做得完美无瑕，因此一旦犯了错误，没有把事做到完美，就会常常自责、抱怨，在精神和肉体上承受巨大的折磨。其实何必这样呢？完美是不可能达到的，人只有懂得满足才能享受到生活的乐趣。所以，无论做什么事情，只要我们真正努力过就应该感到满足，一味苛求完美是没有意义的。

我们要学会为自己的努力成果喝彩，哪怕只是一点点，这样才能有成就感，才是正确的选择，我们用这种心态才能正确面对生活中的不如意。换一种心态看待生活中的残缺，或许我们就能看到一片轻松的天地。

一个人的欲望可以很多，也可以很少

贪婪的人总是不明白一些简单的道理。比如，一群赌徒在一起赌博，大家的钱加在一起肯定是一个固定值，有输就会有赢，怎么可能大家都赢钱。我们一定在电视上或亲眼见到过赌徒赌博的情景，赢的人固然开怀大笑，输的人亦是捶胸顿足，但是不管是输是赢，没有谁愿意轻易地离开。因为赢的人想赢得更多，输的人想翻回本钱。最后赢的人会输个精光，输的人也只会输得更惨。

李斯身为秦朝宰相可以说是声名赫赫、无法无天，直到后来，他成了阶下囚，在即将被处死的时候，他对他的小儿子说："我跟你还能够牵着咱们那条卷尾巴的黄狗，穿过上蔡县城的东门，到山上去追猎野兔吗？"这正是一个"持之盈之"者，对于平静恬淡的生活重新渴望的真实写照。然而，此时才想到返璞归真，为时晚矣！

《阿房宫赋》是杜牧创作的一篇借古讽今的赋体散文。通过描写阿房宫的兴建及其毁灭，生动形象地总结了秦朝统治者骄奢亡国的历史经验。

秦始皇作为中国第一个皇帝，一统天下，让万民诚服。按理说，他成为天下至高无上的皇帝后应该满足了，但他的欲望却偏偏没有尽头。他为了满足自己的奢欲，在首都附近大兴土木，建造阿房宫，修建骊山墓，所用百姓竟达 70 万人以上。据记载，阿房宫前殿就有七百米宽。为了防止有人带兵器行刺，殿门都用磁石所做。

修建富丽堂皇的阿房宫以及骊山墓，不仅需要人力，更加需要物力和财力。据统计，当时服兵役的人数超过 200 万人，占全国青壮年男子三分之一以上。庞大的工程开支加上庞大的军费开支，造成了“男子力耕，不足粮饱，女子纺织，不足衣服，竭天下之资财以奉其政”的悲惨局面。

老百姓在这样的暴政下过得极其艰难，也正是因为秦始皇的穷奢极欲导致他的万世皇帝梦仅维持了短短的十五年。

睿智的人懂得，功名利禄就好比过往云烟，名誉和财利只是装饰人们表面仪容的工具，善良与邪恶才是人们的真正面目，只有品德高尚、才学出众的贤人才能心念与行为相一致。世上的人们总是沉溺于漂浮的名声和空虚的财利之中，谈话办事虽然循规蹈矩，但未必出于自己的真实心态，或者是为出名，或者是谋财利，或者是作为饵料钓取、捕猎自己想获取的东西。那些为满足人们的需求，为社会进步去流血，去奋斗，是人生不断进取的本能和对善良的企盼，是通往幸福生活的阶梯，是正常且合理的欲望，不但无可非议，而且是我们应该鼓励和提倡的。但是，人对名誉和财利的种种欲念，其产生的根源相当久远，开始于人类和精灵的祖先时代，发生在天地刚刚开辟的年月，由此滋生出所有过失和差错的根苗，可以侵蚀一切善良的果实，因此，我们应当保持谨慎的态度，并对种种欲望有所限制。

人有追求是积极上进的表现，合理的欲望更是人性天然的一部分，虽然人的客观需要也是有限度的，但欲望却可以无限膨胀，当它超越了生命个体的客观限度，发展到无边无际，也就违反了天然，恐怕只能落得迷惘和悲哀。

总之，人的欲望不能过于强烈，对于一些不切实际的欲望应该学会克制。否则，任其泛滥就会铸成大错，就会使人沦为贪婪者，想拥有一切，想征服一切，结果往往是事与愿违。

每个人都有欲望，即使是得道高僧，但并非每个人都认识它，了解它。人的欲望与现实之间存在着巨大的差距，往往永远无法逾越。人在旅途，功名利禄只是一种身外之物，只要我们努力地创造财富，真实地面对我们所拥有或将要拥有的一切，你会发现，能满足一个人欲望的东西可以很多，也可以很少，只是人的心境问题。

贪慕虚荣，那是比贪财更可怕的事情

爱慕虚荣的人往往不是通过自己的努力，而是利用非正规途径来获得名利的。提到爱面子，许多人会想到那些虚荣心强的女人。其实，女人爱面子大多停留在物质层面，爱流行服装、时尚饰品等，这些都与金钱有关。而且，在发展市场经济时代，没钱可谓是寸步难行。可是，爱面子的人常常会打肿脸充胖子，做出许多超出自己能力范围的事情。有些人明明需要钱，却撕不下脸皮，不肯委屈自己的脸面去挣钱；或者为了人前风光而宁肯人后默默吞咽苦果；或者为了面子而影响生活的质量和幸福，就像打灯笼一样外明里不明，吃苦受罪只有他自己知道。这种爱面子就太可怕了。

高才生老刘毕业于名牌大学，人到中年的他从单位下岗后找了很多单位都觉得不太称心，所以只能在一家民营小公司里委屈地当一名普通职员，薪水也低得可怜。

有次，老刘偶遇大学同学，一阵寒暄后知道同学如今已是一家著名的大型民营公司的副总裁了，无限向往。同学见状对他说：“凭你的专业知识，到我们公司来肯定能大显身手，我们正缺一位负责财务的主管，你一定能胜任。”

这本是个难得的机会！可是，老刘转念一想，在大学里自己是何等骄傲光荣的尖子生啊！如今却要在一个以前不如自己的同学手下打工，受他的领导，那该多丢脸啊！思来想去，最终老刘还是放弃了这次难得的机会。

可孩子在考上高中后，老刘为了让儿子读重点高中，不惜托关系转校。但他没想到，重点高中的各项花费自然不菲。老刘又不好意思张口向亲戚们借钱，急得他都想到了卖血。老婆看到他走投无路的样子，训斥他说：“听起来儿子上名校很风光，可是却不想想你才攒了几个钱？还死要面子，明明需要钱还舍不得放下脸面！”

于是，老刘又因为面子问题和老婆闹翻了，并且老婆警告他：“再这样打肿脸充胖子，就不过了。”

人生在世，有许多事，身陷其中的时候是不能明白的，往往只有在事过境迁之后，才能参透其中的奥秘。俗话说：人要脸，树要皮。要面子在一定程度上可以理解为要脸。但要脸也应该把握好一个限度，很多内心敏感的人因为自尊心过强而演变成“死要面子活受罪”。生活中，有些敏感之人为了爱面子竟然到了不顾自己实际承受能力的地步，这就有些过头了。

想要被别人尊重，就要有被尊重的表现。最要面子的莫过于那些位高权重的人物，他们大多有着异于常人的成就欲，愿意在众人面前表现自己。持有强烈的成就欲望，这本是一件好事。然而当个人意识到自己所掌握的“资源”不足以使他完成自己设想的目标时，就会想以其他的方式“弥补”自我“资源”的不足，从而产生各种各样的虚假的“面子行为”。为了得到世人的认可，为了保住自己的面子，甚至会利用自己的权势干出伤天害理的事情来。那么，这种爱面子就发人深省了。

唐朝著名诗人宋之问有个外甥叫刘希夷，此人很有才华，是个年轻有为的诗人。

一日，刘希夷题诗一首，名为《代悲白头翁》，到宋之问家中请他指点。当刘希夷读到：“古人无复洛阳东，今人还对落花风。年年岁岁花相似，岁岁年年人不同”时，宋之问情不自禁地连连称好，忙问此诗可曾给他人看过，刘希夷告诉他刚刚写完，还没有给别人看过。宋之问觉得诗中“年年岁岁花相似，岁岁年年人不同”这两句写得非常好，足可以凭这两句而声震文坛，名垂青史，便要求刘希夷把这两句诗让给他。刘希夷说那两句话是他诗中的诗眼，如果去掉了，那整首诗就索然无味了，因此没有答应舅舅的要求。

晚上，宋之问辗转反侧只是念这两句诗。心中暗想，如果说此诗是自己所做，那么，不但世人会敬佩他，皇上也会对他另眼相看，说不定还会成为千古绝唱，名扬天下。到那时，自己的脸面是何等风光啊！一定要想办法据为己有。于是起了歹意，居然命家仆将亲外甥刘希夷活活害死。

为了自己的名望不惜杀害亲外甥，可见，因为爱慕虚名的面子心理是何等扭曲。这种扭曲的爱面子心理实在比爱金钱更可怕！

希望得到别人的肯定和尊重，这本身是人之常情，也是很多成功人士不断努力的一个重要原因。但是为了达到这样的效果，而盲目吹气球，就总有吹爆的一天。由此可见，爱面子实在比一个人单纯地爱金钱更可怕，特别是位高权重者，因为这种弱点危害的不仅是自己，还有团队的发展。

当然，在社会中求生存，不能不讲面子，但聪明人一定会讲究方法方式，既能显示自己的能力和身份，又不会招致他人的不满，也不会让他人有落井下石的可乘之机，这样的爱面子才是最恰当的。

更多的选择，带来的是更多的痛苦和烦恼

一位哲学家说：当生活中只有一种选择的时候，我们的内心是平静而快乐的，但可供选择的事物一旦多了起来，生活便多了许多烦恼。这些烦恼主要源于人们在众多选择面前患得患失的敏感心理。关于此，国学大师季羡林说："生活应该简单些好，面对的选择越多，就越让人痛苦！所以，在做事情的时候，要追求单一的目标，这样才能将精力放在当下，从容地前行！"他是在告诉我们，在生活中，无论做什么事情，只有追求单一的目标，才能使自己更专注于当下，才能使自己少些选择的痛苦和烦恼。

有这样一则故事：

森林中生活着一群猴子，每天当太阳升起时，他们会从洞中爬出来外出觅食，当太阳落山时，他们又自觉回洞中休息，日子过得极为平静和快乐。

一名旅客在游玩的过程中，不小心将手表丢在了森林中。猴子童童在外出觅食的过程中捡到了。聪明的童童很快就搞清楚了手表的用途，于是，它就自然地掌控了整个猴群的作息时间。不

久后，它凭借自己在猴群中的威信，成为了猴王。

聪明的童童意识到是这只手表给自己带来了机遇和好运后，每天就利用大部分的时间在森林中寻找，希望可以得到更多的手表。功夫不负有心人，它终于又找到了第二块，乃至第三块手表。

但出乎童童意料的是，这三块手表反而给它带来了麻烦和痛苦，因为每块手表显示的时间都不相同，童童根本不能确定哪块手表上显示的时间是正确的。猴子们也发现，每次来问时间的时候，它总是支支吾吾回答不上来。一段时间后，童童在猴群中的威望大大下降，整个猴群的作息时间也变得一塌糊涂，大家愤怒地将童童推下了猴王的位置……

拥有一块手表，可以明确地知道时间，而得到了两块甚至更多块的手表却能使自己迷失时间，给自己带来无尽的烦恼和痛苦。由此我们可以说，得到的越多，痛苦和烦恼就会越多。

《圣经》上说：“上帝因一个简单的心思，只是用简单的泥土，造就了我们。”而我们为何要去追求无谓的繁杂，将自己置于痛苦之中呢？选择越多越痛苦，而这些“更多的选择”就是我们内心不断追求的结果。为此，哲学家说：因为人的欲求不止，所以，生命是一个不断作茧自缚的过程。同样，行为心理学家也指出：与其说人的行为是受一定的原因支配，不如说它更受人生的一系列目标或目的支配。在达成目标的过程中，人总要面对各种各样的选择，不同的选择，达到的目标结果也不尽相同，人生也有可能会由选择而发生变化。所以，为了使目标结果更为完美，在选择的过程中，人们必然会仔细斟酌，细心掂量。为此，烦恼就产生了，混乱的生活状态也就开始了。

我们要想从这种混乱、痛苦的状态之中走出来，就要勇于舍弃，使生活归于简单。舍弃那些扰乱我们心智的“更多的选择”，过一种简单的生活。

有一个诗人，为了追求心灵的满足，他不断地从一个地方辗转到另一个地方。他的一生都是在路上、在各种交通工具和旅馆中度过的。当然这并不是说他自己没有能力为自己买一座房子，这只是他选择的生存方式。

后来，由于他年老体衰，有关部门鉴于他为文化艺术所作的贡献，要给他免费提供一所住宅，但是他拒绝了。理由是他不愿意让自己的生活有太多的“选择”，他不愿意为外在的房子、物质等耗费精力。就这样，这位独行的诗人在旅馆中和路途中度过了自己的一生。

诗人死后，朋友在为其整理遗物时发现，他一生的物质财富就是一个简单的行囊，行囊里是供写作用的纸笔和简单的衣物；而在精神方面，他给世人留下了极为优美的诗歌和随笔作品。

这位诗人正是勇于舍弃了外在的物质享受，选择了一种简约的生活方式，最终才丰富了精神生活，为人类作出了巨大的贡献。他的人生是一种去繁就简、快乐而又纯粹的人生，没有太多不必要的干扰，也没有太多欲望的压力。

我们要想过一种幸福而快乐的生活，就不能使自己背负太多的选择，像这位诗人一样，学会去繁化简，将生活简单化，这样才不至于使自己在众多的选择面前无所适从。

克制自己的欲望，做人要懂得适可而止

只要是人都会有欲望，并时刻被欲望包围，抱怨、痛苦、快乐、幸福……不过，这就是生活，酸甜苦辣咸五味俱全，一样也不缺。有位哲人说过："人的欲望就像是一座火山，如不控制就会害人害己。"

我们活着，最重要的就是克制自己的欲望，懂得适可而止、懂得知足常乐。只有这样，我们的生活才会充满快乐，我们才会感觉到幸福的滋味。

快乐是我们内心的一种感受，它就在我们身边，我们每天都可以见到它。但是，在贪婪的人眼里，快乐却总是很遥远，他们苦苦追寻快乐，却一直没有收获，徒增了很多烦恼。

有一个国王得了重病，御医对此束手无策。

王后问国王："怎么样才能让你恢复健康呢？"

国王回答说："我是国王，享尽了人间的荣华富贵，但是我感到不快乐，我当国王还有什么意义呢？"

王后说："这该如何是好啊？"

"去寻找一个天底下最快乐的人，我想知道他快乐的原因。"国王答道。

王后将国王的话传达给了王子，让他去寻找天下最快乐的人。

王子知道托比是天下最富有的人，应该也是最快乐的，便先去找他。来到托比的住处，王子说明了来意，谁知托比一脸愁容，无奈地说："王子呀，我一天也没有感到快乐啊！"

王子不解，问道："你已经非常富有了，为什么还不快乐呢？"

"我的目标是赚到天下所有的钱，这个目标还没有实现，所以我不快乐。"

王子只好来到邻国，面见了邻国国王，并说明了来意。邻国国王说："我跟你父王一样，整天都忙于国事，根本就快乐不起来。"

王子告别了邻国国王，继续寻找。有一天，王子遇到了一位智者，他告诉王子："人间不存在快乐，只有苦难和忧伤。真正的快乐在天堂。"当然，王子没有相信他的话。

接下来，王子又遇到了不同职业的人，但他们的答案都不能让他满意。直到有一天，王子遇到了一个乞丐。那天，王子正在树下叹气，正好被这个乞丐看见了。

乞丐问："年轻人，天气这么好，你还叹什么气啊？"

王子见是乞丐，十分恼火，呵斥他说："关你什么事啊！"

乞丐没有恼怒，反而笑了笑，说道："前面有条小河，天气这么热，不如我们去洗洗，去去暑意，甭提有多快乐了。"

"快乐？你连饭都吃不上，还会快乐？真是太可笑了。"

"即使吃不到饭，用野果充饥也是不错的。"

“你晚上怎么睡觉？”

“地为床，天为被，多么宽敞啊！”

“那你身上有钱吗？”

“钱财是身外之物，我一个乞丐要钱干什么？钱太多了容易被人算计，我才不想自找麻烦呢！”

王子又问：“那么权力呢？”

乞丐笑着说：“权力算什么？靠权力过日子的哪个比我快乐呢？”

王子问：“你一无所有，到底凭什么这么快乐？”

“年轻人，我并不是一无所有，我拥有一切——太阳、月亮、春风、细雨、鲜花和无数的食物。这些都值得我快乐。”

王子恍然大悟，拉着他立即奔回了王宫。

如果你感觉不到快乐，那么你现在拥有的一切都不会让你感到快乐。其实，这就是你快乐的理由——要珍惜眼前所拥有的一切。

人总是会有很多欲望，总是在不停地追求，认为得到了财富以后，自己就会变成一个快乐的人。可得到以后却发现，自己原来并不快乐，于是财富成为沉重的枷锁，将快乐挡在了门外。快乐的方法就是打开枷锁，让自己变轻松。一个人有所追求，才会有成功的机会，追求可以成为一种快乐，欲望却永远都会是生命沉重的负荷。

詹姆斯在成为富翁之前，是一个穷小子，他每天穿着旧衣服，吃着残羹剩饭，非常羡慕街上那些坐马车的富人。他常常幻想：“如果哪天我成为有钱人，那么我就是一个快乐的人了。”

有一天，幸运真的降临到了詹姆斯的身上，他竟然捡到了一袋珠宝。最初，詹姆斯想独吞这袋珠宝，但他转念一想，还是决定将珠宝归还给它的主人。于是，他在那里等了两天，终于见到了珠宝的主人。这个丢失珠宝的人对詹姆斯大为赞赏，也非常感动，当即决定赠送半袋珠宝给他。

谁知，詹姆斯却拒绝接受珠宝，并说："先生，我不想要这些珠宝，我想靠劳动成为一个真正的富翁。"珠宝的主人看着詹姆斯说："我专门做珠宝买卖，既然你不要珠宝，那就跟着我做生意吧，不过这袋珠宝就算是你的本钱。"

后来，詹姆斯跟着珠宝商人做起了生意，慢慢地赚了不少钱，成为了一个富翁。为了赚到更多的钱，他兼并他人的店，几年之内就成为了一个真正的珠宝大亨。他终于过上了上流社会的生活，经常参加沙龙和晚宴。在宴会上他跟客人谈笑风生，可是客人离去，就剩下他一个人时，他就变得一点儿也不快乐了。他娶一位姑娘为妻，可是那位姑娘是因为他的钱才愿意嫁给他的，这使他非常痛苦。他的珠宝店还被人打劫过，于是他生活得战战兢兢，每天都担心自己的财富会被偷走。

直到有一天，詹姆斯看见了一个流浪汉，见他脸上时刻挂着笑容，便命人将他请进了办公室，问他："你的生活这么贫苦，为什么还能这样快乐？我如此富有，却为什么感受不到快乐呢？"

流浪汉对他说："您看我一无所有，而我看您却背负着众多的欲望，怎么会快乐呢？"听完流浪汉的话，詹姆斯茅塞顿开。从那天开始，他决定做一些有意义的事情，比如做一些公益活动。这么做之后，詹姆斯又有了笑容，觉得自己此时是真正快乐的。

欲望是个金托盘，是潜伏在人心里的一种病毒。人的欲望没有满足的时候，如果自己的意志不坚定，就会让欲望有机可乘，自己也最终会陷入无穷无尽的重负之中。不仅如此，欲望过重还会让人更加难以获得快乐。所以，一个人要想过得快乐、轻松，就一定要少一些欲望，多一些淡泊。只有这样人才不会为欲望所控制，不会被欲望侵蚀心灵。

曾经有一个人每天都努力工作，可就是无法取得别人那样的成绩，甚至连自己的小小愿望都无法实现，为此他很苦恼。有一天，他去拜访一位智者，跟智者抱怨生活不如意，并请智者指引一条道路。

智者没有说话，而是给他一个小篮子，让他走一步就捡一块石头放进去。

那个人按照智者的话去做，没一会儿，篮子里装满了石头，很重，所以那个人累得气喘吁吁。智者此时才对他说："现在你明白你感觉生活累的原因了吗？那就是因为你的生活中有太多的欲望，还充斥着一些无用的东西，这些加起来让你难以承受，所以你感觉到生活很累。"

我们每个人来到这个世上的时候，都有一个小篮子，在成长的过程中，也都在捡石块，捡了第一块，就还想捡第二块，越捡越多，结果欲壑难填，内心被欲望塞满了，那么就失去了快乐。要想多一些快乐，少一些抱怨，那就不妨少一点欲望，多一点淡泊，求得内心的平静和安详，才是明智的选择。

第十章

勇于尝试才能迈向成功：战胜懦弱，站上自己的人生巅峰

对外界的恐惧，让懦弱有了合理的舒适区

内心怯懦者因为对外界心存恐惧，固总喜欢躲在没有压力的舒适区里生活，这种做法会让人丧失证明自己的机会，也不利于其摆脱怯懦的个性。对此，要想改变对自我的看法，我们就必须去尝试，勇敢地走出“舒适区”，在行动中渐渐让自己变得强大起来。

我的妹妹李娜今年二十四岁，刚大学毕业。在大学时，她一直觉得自己是个开朗大方的人，社交恐惧这辈子应该与她无关。可没想到，毕业参加工作后，她就不敢再说这样的“大话”了。

李娜被一家外资企业的企划部录用，工作没几个月，公司要开年会，而且外方大老板及七位董事都将飞到北京来参加。

李娜心情异常激动，因为“接近总裁”的机会终于要来了！可是，在兴奋过后，她又不免觉得越来越“心慌”，毕竟自己是第一次遇到这么大的场合，过去在学校的那些“演讲比赛”“联欢会主持人”的经历，到了现在都没有什么参考价值了。

李娜急忙请教资深同事，问她们在年会上该如何装扮。但不

知怕“撞衫”还是别的什么原因，没有人肯透露自己准备在年会上穿什么衣服。

那天到了会场，李娜一看，穿衣打扮最“老土”的就是她和另三位新人。整个会场大厅处处衣香鬓影，人人都打扮得华贵时髦。这样的场面使她们四个人尴尬不已。

在这种情况下，别说和外方董事打招呼了，就是待在大厅里都浑身不自在。她们只有躲在角落里拼命灌饮料，不时去洗手间透透气，以此来逃避“无所不在”的压力。

突破心理舒适区，克服冒险的恐惧感，是逐渐让我们强大和成熟起来的根本。其实对于李娜来说，只要事先将无用的“杂念”从头脑中驱除，再勇敢地站出来，将自己最美好的一面呈现出来就可以了。

卡耐基说：“在这个世界上，没有什么比什么积极的行动都不敢尝试更糟糕的事了。”的确，没有变革，就没有进步。试着跳出舒适区，勇敢地做一次冒险家，也许一次小小的改变，就能像星星之火一样，很快发展成燎原之势，甚至彻底逆转你的整个人生。

法国著名作家大仲马年轻时穷困潦倒，迫切需要一份工作。为了谋生，他浪迹巴黎，希望父亲的朋友能够帮忙为自己谋一份差事。

父亲的朋友想知道他都擅长些什么，便问他：“你精通数学吗？”大仲马立即摇了摇头。

父亲的朋友知道理科非他的强项，又换了个问题：“那么你通晓历史和地理吗？”大仲马又摇了摇头。

“那么法律知识你总该懂些吧？”父亲的朋友又问。大仲马还是摇头。

父亲的朋友不死心，又接连发问。大仲马羞愧地说自己什么都不会，一无所长，说完就窘迫地低下了头。

父亲的朋友见这位青年对自己的评价竟是毫无优点，也实在想不出什么能帮助他的办法，就让他把住址写下来，以便日后联系。

大仲马写完住址后转身欲走，父亲的朋友却像发现新大陆一样惊叫起来：“你的字写得很漂亮啊！这就是你最大的优点啊！你不该随便找一份糊口的工作。年轻人，你将来一定会有一番作为的。”

大仲马大受鼓舞，开始尝试写小说。数年后，他写出多部享誉全球的优秀作品，成为家喻户晓的著名作家。

自卑的大仲马认为自己没有一点长处，最初的目标仅仅是找一份能够糊口的工作，因为这样他就能躲在心理舒适区里安静地生活，这种心理状态和众多自卑者是完全一致的：胸无大志、小富即安，找一份难度不大的工作，勉强维持生活就完全满足了。假如大仲马当初没有在父亲朋友的鼓励下突破心理舒适区，那么世上就少了一位才华横溢的作家，多了一位被自卑折磨一生的失败者。大仲马最初尝试写作时，也必然承受过巨大压力，但是他在跌跌撞撞中走出来了，闯出了一条全新的道路，获得了成功。

《阿甘正传》里有这样一句经典台词：“人生就像一盒巧克力，你永远也不知道下一个吃到的是什么味道。”人生确实充满了不确定性，只有勇于体验，方能解其中味，也方能战胜自卑带来的恐惧感，成为真正的强者。

被打倒不可怕，关键是你要站起来

有个父亲为他的孩子感到苦恼。因为他十五六岁的儿子竟然一点男子气概都没有。于是，父亲去向拳师请教训练儿子的方法。

拳师说："让你儿子在我这儿学习三个月，三个月以后，他就会成为真正的男人。不过，在这期间你不能来看他。"父亲同意了拳师的条件。

父亲在三个月后来接儿子。拳师安排儿子和一个习武选手进行一场比赛，为的是让父亲看看这三个月的训练效果。

让人意想不到的是，对手刚出拳，儿子就倒下了。但他马上爬起来继续进行战斗，可还是被打倒了；儿子又一次站了起来……就这样，反反复复总共十六次。

拳师这样问父亲："你看你的孩子现在很有男子气概了吧？"

父亲说："我真是没脸见人了！想不到他训练三个月，还是这样的弱不经打，对方一出拳，他就被打倒，哎！"

拳师说："非常遗憾，你只看到了事情的表面现象。难道你没有看到你儿子勇敢和不放弃的精神吗？什么是男子气概，这才是真正的男子气概！"

的确，拳师的话富有深意。人生中，真正的勇士不可能永远不被打倒，因为谁也不是超人，遭遇失败是很正常的事；真正的勇士，是被打倒之后总能够爬起来。

现实中，谁都无法避免被生活“打倒”。俗话说：人生不如意事常八九。如果你总是喜欢向自己挑战，那么困难和挫折一定会经常发生，除非你安于现状不求进取。

当遇到挫折后，我们是否应该消沉颓靡、一蹶不振呢？如果是这样，我们就会被生活彻底打倒，那样，我们就成了弱者和懦夫。

不知道大家听没听过“在生活的耳光中长大”这句话。一个人在成长的过程中，只要在前进，就不可避免会遇到挫折和创伤。只有当你受到创伤，你才能知道自己的缺憾和不足在哪里，才能知道该从哪里提高，从而取得进步。

而检验人品的最佳时机，就是看他身处逆境的时候会有怎样的表现。

不敢正视失败才是最可怕的。当然，一个人在刚受到某些打击的时候，会很消沉。在那段时间里，你可能觉得自己像个失败的拳击选手，被重重地一拳击倒在地上，头昏眼花，满耳都是观众的嘲笑。那时，你浑身无力，可能会产生放弃的念头，所以就不想再爬起来战斗了。但是等你体力恢复的时候，你会睁开双眼，看见光明，所有的嘲笑和耻辱都会被你遗忘，你会爬起来，继续战斗。

史泰龙是好莱坞的功夫巨星，他的片酬高达3000万美金，但谁也不会想到，年轻时候的史泰龙是在好莱坞跑龙套的，每天只有1美元的收入。为了生计，他找了个拳击陪练的兼职，每次脸都被打得青一块、紫一块。但他立志要成为一名影视明星，于是四处毛遂自荐，在遭到一千八百五十次拒绝后，他还是没有放弃。后来，他终于在电影《洛基》中担任了男一号。《洛基》是史泰龙自己编写的剧本，该剧男一号的原型就是史泰龙。《洛基》上映后，他一炮而红，并成为“自我超越、顽强拼搏、个人奋斗”的美国精神的象征。

这种屡败屡战的精神怎能不让人钦佩？

在我们的生活中，大到事业的成功，小到男生追求心仪的女生，都需要这种不屈不挠、屡败屡战的精神。

有一次，IBM的总裁被问道：“是什么让你走向成功？”他是这样回答的：“让你失败的次数加倍。”不管做什么事情，想要成功，就必须付出大量的行动。就像做销售，只不过是一个数字游戏罢了，只要你行动的次数越多，你失败的次数也就越多，然而失败的次数越多，就越可能有成功的机会。当你成功的概率不是零，你就应该继续行动，继续接受失败，每失败一次，你成功的希望就多一分。

在足球场上想要成为最佳射手，就要增加射门次数，当然射不进的次数也会很多。虽然你的成功率可能很低，但你的效率会比别人高。这就是数字游戏的魅力。

因此，想取得成功，就一定要多行动，一定要不断地接受失败，而且让自己失败的次数加倍。曾名列世界首富的洛克菲勒说：“你要成功，就要忍受一次次地失败。”正如作家克里斯多夫·摩雷所说的："大人物只是屡败屡战的人小人物而已。"电影《赤壁》里刘备有这样一句对白："我一生戎马，这次输得还不是最惨的。"是的，失败没有什么大不了的，只要还活着，就还有胜利的希望。

美国汇联公司的大厅里汇集了所有大区的经理。王文良是该公司的销售总监，他上台讲话。王文良当时问了这样一个问题："你们一天最多能去多少家饭馆？"台下的人觉得这样的问题太可笑了。"两家""三家""四家"……说什么的都有。

"八十七家饭馆，这是我一天进饭馆的最高纪录。"王文良此话一出又引来了哄堂大笑。笑声之后，王文良接着说："我去饭馆不是吃饭，而是去推销我们的产品。"台下顿时沉寂了。"我曾经对自己发过誓，这辈子不再进饭馆！因为我有过三十二次失败的经历。但我没有放弃，于是，又开始了第三十三次的努力，就在那第三十三次的时候，我成功了。什么是成功？成功对于其他行业来说，就是持续的努力。但对于我们销售行业来说，则是在别人根本不愿意时，你必须付出超出常人百倍的努力！"

由此而知：成功者没有什么秘密可言，他们也不一定是天资过人，在很大程度上，他们成功只是因为他们比别人有更强的抗挫折能力。摔倒了，再爬起来，继续向前，也许成功就是这么简单。

如果我们能让自己每次听到"不"字的时候，更加振奋，每次失利却激起想要成功的更强的欲望，把每次拒绝或失败看成一个潜在的机会，那么我们就会发现那躲在失败背后的成功。

采珠人如果被鳄鱼吓住，怎能得到名贵的珍珠

不坚强的人很懦弱，他们有着消极的想法，不敢面对困难和痛苦，经受不起大风大浪的考验。生活中经常出现这种现象，很多人平日里慨叹自己没有机会，可是当机会真正降临时，他们又会变得懦弱，临阵脱逃。对于懦弱者来说，一切都是不可能的。正如萨迪所说的："采珠人如果被鳄鱼吓住，怎能得到名贵的珍珠？"事实上，一个人如果总是被各种各样的恐惧、忧虑包围着，就会看不到前面的路，更看不到前方的风景。懦弱的人只会白白浪费大好的机会。正如法国著名文学家所说："谁害怕受苦，谁就已经因为害怕而在受苦了。"懦夫怕不能成功，不敢尝试，其实他早就已经失败了。

古时候，波斯（今伊朗）有位贤明的国王，想挑选一名敢于突破的官员，担当一个全新而又十分重要的职务。他把全国智勇双全的官员召集起来，试试他们之中究竟谁能胜任。

国王把这些官员领到一扇巨大无比的门前，对他们说："爱卿

们，你们都是既聪明又有力气的人。现在你们看到的是我国最大最重的门，可惜却一直没有人能够打开过。你们之中谁能打开这扇大门，帮我解决这个久久没能解决的难题？”不少官员远远张望了一下大门，只见大门厚重无比，于是就连连摇头。有几位官员好奇地走近大门看了看，但是也因为害怕推不开而退了回去。另一些官员也都纷纷表示，没有办法开门。这时，有一名官员却走到大门下，先仔细观察了一番，又用手四处探摸，用各种方法试探开门。几经试探之后，他抓起一根沉重的铁链，没怎么用力拉，大门竟然开了！这让在场的所有官员都为之震惊。

国王对打开了大门的官员说："朝廷要职，就由你担任吧！因为你没有限于你所见到的和听到的，在别人感到无能为力时你却会想到仔细观察，并有勇气冒险试一试。"他又对众官员说："其实，对于任何看似难以解决的问题，都需要开动脑筋仔细观察，并大胆地试一试，说不定很轻松就能将其解决。"

其实，在生活中不乏成功的机会，就像故事中的大臣一样，因为自身的懦弱，总是感到希望渺茫而不愿意尝试，从而错失良机。怯懦的心理，让我们不敢放开手去试一试，最终错失机会，流于平庸。成功者与失败者之间的分水岭，有时并不在于他们之间有天地之间的差距，而在于是否有一点小小敢于及时把握住机会的勇气。当我们跨越自己懦弱的心理障碍，勇敢地迈出那一步时，我们会惊喜地发现，原来成功的门从不对我们上锁。

人能够战胜懦弱，就会取得长足的进步。日本著名的保险推销员原一平就是在机会面前勇敢地把握，才成为了日本推销界的神话。当他还是刚进保险公司的小职员时，有了一个念头：三菱银行一定融资或投资了许多公司，银行的总裁串田万藏也是明治保险公司的董事长。若能得到他的介绍……天啊！他不敢再想下去。他兴奋得心跳加快，鼓足了勇气，决定立即展开行动。

他找到公司的最高业务主管——常务董事阿部，恭恭敬敬地说了他的伟大计划，并要求他代为向串田请求介绍信。

阿部不动声色地听完他的计划和请求，说："你的计划很好。如果计划成功，我也很高兴。不过，有些情况你不了解。当时，三菱公司投资明治保险公司时，讲明绝不介绍保险。所以，我代你向串田董事长请求介绍信的话，明天我就可能被革职了。"阿部的懦弱让他不敢为原一平请求介绍信。

但是原一平不想就此放弃，决定直接去见串田董事长。

第二天上午九点，他鼓足勇气去见串田董事长，随后被带进董事长的会客室。

两个小时后却连个董事长的影子都没见着，他在沙发上打起了瞌睡。突然，他觉得肩膀被人摇了两三下，他立刻惊醒，眼前出现了照片上早已熟悉的串田董事长的脸。

"你找我干什么？"董事长劈头大声问道。

原一平一下子慌了阵脚，先前演练好的一套经典说辞早已忘得一干二净，他结结巴巴地说："我……我是明治保险公司的原一平。"

"你有什么事情吗？"不等他说完，串田又来了一句。

"我想去访问日清纺织公司的总经理宫岛清次郎先生。想请董事长给我写张介绍信。”

“什么，保险那玩意儿也是可以的吗？”

每每遇到针锋相对的激烈场面时，原一平暴烈的个性就会立刻展现无遗，而且常给对手以致命的反击。他一听董事长这句话，向前一大步，大骂道：“你这混账东西！亏你还是我们的董事长，居然如此贬低保险。”

董事长愣住了，往后退了一步。

原一平愤愤地继续说道：“你刚刚说保险这玩意儿，公司不是一再地告诉我们推销人寿保险是神圣的工作吗？你这个老家伙还是我们公司的董事长啊！我要立刻回公司去，向所有员工宣布公司的宗旨是骗人的，连董事长都不相信推销保险是神圣的。”说完，他怒气冲冲地夺门而去。

让人意想不到的是，事后董事长居然邀请原一平去他的住所。在住所，董事长热诚地欢迎原一平到来，把双手按在他的肩上，亲切地与他交谈。谈话结束后，董事长提议去三越百货公司，给他买了新西装、新衬衫、新皮鞋。此后，凡原一平需要的客户，董事长都介绍给他。受宠若惊的原一平认识到自身责任的重大，更加兢兢业业地工作，使他的个人业绩连续十五年居日本全国第一。

原一平的成功和他的勇气是密不可分的，如果他像他的主管一样，就会错失良机，也不可能成为日本保险界的神话，只可能是一个碌碌无为的小职员。事情看起来并不容易，甚至成功的可能性很小，但原一平却拿出勇气去做了，所以他成功了。

人尽皆知机会的重要性，可我们因为懦弱错失了多少成功的机会呢。每当回顾往事的时候，他们都不免叹息道："想当年要不是因为我失去了某个机会，我今天已是运筹于帷幄之中，决胜于千里之外的人物！"的确，要不是我们当年失去了机会，我们今天就不会如此平凡。可是又有多少人真正反省过我们为什么会失去机会？不要因为自己的懦弱胆怯而不敢把握机会，这样只会留下懊悔，只能与失败为伍。

机会面前人人平等，但是懦弱往往会让我们失去机会，只有战胜懦弱，树立自信心，培养自己坚强的意志力，我们才能把握住机会，才有可能成功。

勇气是上天的羽翼，怯懦会引人下地狱

缺乏勇气是人的弱点之一，在我们的日常生活中，总是会经历种种的痛苦与烦恼，其实只要我们仔细地分析一下，就会立刻发现，这些痛苦与烦恼的来源大部分都是战胜不了自己的懦弱、胆怯心理和缺少勇气。

当我们需要勇气的时候，首先要战胜懦弱，养成不服输的性格。勇敢与懦弱这一对矛盾的名词几乎同时占据着我们的生活。懦弱就会失败，勇敢就会成功。世上没有绝对完美的人，当然也很少有绝对不可救药的人，每个人的性格中，或多或少地存在着需要勇气时却懦弱的矛盾。这样的矛盾，在我们遇到一件事情，需要我们采取行动的时候，就会扰乱我们的情绪，干扰我们做出决定。而当它们同时出现的时候，我们会怎样决定，完全看这两种矛盾的力量是哪一边战胜。如果是积极光明的一边战胜，我们就会走向成功；如果是消极和黑暗的一边战胜，我们就会走向失败。

常言道“狭路相逢，勇者胜”。在任何时候，有勇气的人能够

战胜一切困难，因为他们敢于尝试和挑战，从而获得成功。人生没有智慧不行，没有勇气也不行。谁也不敢说有智慧的人一定有勇气；但缺少智慧的人，也没有勇气，或者其勇气亦是一种冒失。爱因斯坦说："勇气是上天的羽翼，怯懦却引人下地狱。"

有个死后来到天堂的人，天使为他回顾他的一生。当他看完他这一生的画面时，发现每当他缺乏勇气时，画面就会定格或者中断。这画面包括：在他年轻的时候因为懦弱没有向喜欢的女孩表白，最后这个女孩嫁给了别人；有一次因为自己的失误，让父亲受到了苦难，他想向父亲道歉，却因为缺乏勇气而直到父亲离世也没有说出口，这成为了他心中永远的痛……人生回顾完毕后，天使告诉他："你的人生其实很完美，但只是缺乏了勇气，因此给你的生活造成了很多遗憾。所以我决定让你重返人间，等你学会勇气后再回到天堂吧！"

勇气的力量可以改变一个人，它会使人生大放光彩。因此我们在需要勇气时，必须努力克服自己懦弱的弱点，勇敢做出决断，不让自己的人生留下任何遗憾。英国首相温斯顿·丘吉尔说过："勇气很有理由被当作人类德性之首，因为这种德性保证了所有其余的德性。"有了勇气就有了战胜一切困难的力量，勇气是想成为一个优秀的人的必备条件。如果没有勇气，就永远只是个纸上谈兵的空想家，就像蜗牛一样很难爬出背上的家园。

秦末，正值天下大乱、诸侯混战。这是个英雄辈出的年代，也是个战役无数的年代。而在这些战役中，让人印象最为深刻，最为拍手称道的非项羽的巨鹿之战莫属。

秦军当时困赵王歇于巨鹿（今河北邢台市中部），赵王请求楚怀王救援。但由于秦军战无不胜的威名，没有一个人敢前去迎战。就在楚怀王苦恼万分之即，项羽挺身而出，愿意出战迎秦。楚怀王大喜，拜项羽为上将军。

接下将令后，项羽命都将英有、蒲将军率领两万人做先锋，渡过湾水，断秦军粮道。随后，项羽亲率主力大军渡河。而在渡河之际，项羽告诉将士每人只带三天的粮食，随后把做饭的锅碗瓢盆统统砸毁，再渡河之后把船只全部凿沉，连营帐也全部烧掉，并对将士们说道："咱们这次出战，有进无退、有胜无败。三天之内，定可将秦军一举歼灭。"

项羽破釜沉舟的勇气极大地鼓舞了士气。因此，在楚秦交兵之际，楚军各个奋勇杀敌，以一抵百。经过九次激烈战斗，活捉了秦军首领王离，其他的秦军将士有被杀的，也有逃走的，围困巨鹿的秦军就这样瓦解了。

勇气会给人带来意想不到的战斗力，可见项羽成就霸业的原因，其实就是比平常人多了点勇气而已。多了点勇气，人生便大不相同，成就了项羽的威名和霸业。如果当时项羽懦弱胆怯，不敢主动请缨，就不可能有以后的宏伟霸业；如果项羽没有用破釜沉舟激励起将士们的勇气，就不会有巨鹿之战的大获全胜。所以可以说，勇气是人生的发动机，勇气能创造奇迹，勇气能战胜一切困难。试想，如果我们事事都能拿出破釜沉舟的勇气和决心，那么世间还有什么困难呢？

我们每个人都知道自己该怎样做，但少有人能敢于去做，懦弱令我们失去了勇气。战胜自己的懦弱不是一件容易的事，它需要很大的勇气与坚定的信念。想一想，我们战胜自己懦弱的次数多吗？还是时常姑息纵容了自己？

当我们接受一个新的工作，适应新的环境，应对一个新局面的时候，难免担忧自己做不好，这是一种向后牵引的力量，其实也是我们懦弱的心理在作祟。我们常会退缩地想：还是安于现状吧！还是省事为好吧！还是不要冒险吧！于是，就在这种消极的决定中，我们不知多少可贵的机会流失了，最后只能抱憾终生。

懦弱使人痛苦，不敢尝试，也常常后悔。要知道，我们有时痛苦困扰，犹豫不决，那是因为我们的情绪上有两种相反的力量相持不下，一种是推动我们前进的尝试精神，一种是阻碍我们前进的懦弱胆怯心理，它们相互较量，等待我们的抉择。让我们明智一点早做选择，用勇气战胜怯懦，我们就会觉得生活豁然开朗起来，心情也会随之变得好起来。

我们在生活与工作中往往要面对很多机遇、做出许多选择，这就需要我们拥有信心和勇气，它们是决定把握机遇成功的关键所在。但很多时候我们怯懦地站在原地，考虑所有的利弊，考虑了太多的“万一”，反而让机遇在我们犹豫不决之时与我们擦肩而过。其实生活本来没有那么复杂，只是因为我们的心理负担太重，懦弱胆怯，以至于事情尚未发生，心情上的困扰早已跑到了事实前面。

俗话说“生于忧患，死于安乐”。当我们一天天习惯于坐在明亮、恒温的办公室，出差时享受星级酒店，出门时车接车送的生活方式的时候，也许未曾想到自己已在自己设置的障碍中裹足不前。我们应该去拓展一下自己，需要我们在“和平时期”有意识地把自己“置于死地”，用一种激烈的手段使自己迸发出勇气，打破怯懦围成的栅栏，突破自我，创造全新的生活，迎接更大的成功。

人生不可能永远一帆风顺，其精彩之处在于它千变万化的动态，而精彩的人生就在于勇于直面挑战。勇气是打败懦弱最好的方法，让我们激发出自己的勇气，不断尝试，突破自己的人生极限。

失去财产不可怕，失去勇气一切都将结束

生命在恶劣的环境中创造了一次又一次的奇迹。夹在石缝中的野草，停留在悬崖上的松柏，被围困在暴风雨中的海燕……它们没有天生的神力，可是它们却能创造出人们难以想象的奇迹。这是因为它们具有挑战“不可能”目标的勇气。

失败只是人生的一小部分，人可以被毁灭，但不能被打败。当一个人遭受挫折时，若缺乏迎接挑战的勇气，那他就会摔倒在失败的道路上，并对生活无法再次拥有激情。因此，“勇气”对于一个人来说就是生命的源泉，不可替代、也不可或缺。

从前有一个对自己命运不满意的人，在梦中遇到了上帝，于是他对上帝说：“您给我一个最好的形象，我将永远崇拜您。”

上帝仁慈地回答：“好，你准备做人吧，这是世界上最好的形象。”

这人问：“做人有风险吗？”

“有，激烈的竞争、成败、贫富以及钩心斗角、残杀、诽谤、

夭折、瘟疫……”

“那还是换一个吧。”

“那就做动物吧！”

“做动物有风险吗？”

“有，受鞭打，被宰杀……那些稀有动物甚至还会经常被人猎杀，濒临灭绝。”

“上帝，我不要做动物，换一个吧。植物总可以吧。”

“植物也有风险，树要遭砍伐，有毒的草被制成药物，无毒的草人兽食之……”

“啊，恕我斗胆，看来只有您没风险了，让我留在您身边吧？”

上帝哼了一声：“我也有风险，人世间难免有冤情，我也难免被人责问，时时不安……”

“那……”就在这个人正在考虑做什么才没有风险时，上帝顺手扯过一张鼠皮，包裹了他。“去吧，你做它正合适。”于是，这个人从梦中惊醒，发现自己居然变成了老鼠。

我们常常说，懦弱的人胆小如鼠，对于一个什么都不敢去做的懦弱灵魂，这样的比喻正合适。

那些在生活中懦弱的人，往往就是胆小如鼠。他们无论做人还是做事都过于谨慎，常多虑，小心翼翼，犹豫不决，稍有挫折就退缩，因而影响自我开发目标的完成。因为他们处处躲避风险，不敢尝试，他们的生活永远也不会有胜利的曙光出现。

有个女孩子上中学时成绩优秀，天资聪慧，但懦弱是她最大的弱点。她胆小怕事，特别是人多的场合，更不敢向别人展示自己。因为这个不善交际的弱点，她从小到大失去了很多机会。

上中学时，因为嗓音甜美，老师让她去参加全县的唱歌比赛。可是到了县城，她发现，不但台下站满了观看的人群，他们不时指指点点，而且高手如云，一个比一个强！看到这些，她心想：这里的人个个都那么厉害，可我，我……还是放弃吧！结果，反倒是其他学校嗓音比不上她的学生都获了奖。

她的高考成绩明明接近了北师大的录取分数线，但她不敢报考，害怕竞争，担心自己录取的可能性太低，又担心不适应大城市的生活，最后，报考了省内的一所农校，自己的特长也无法发挥。工作后，虽然她在单位是屈指可数的高材生，可是因为胆怯，不敢表现自己，慢慢地，领导对她也不再器重了。

现在，她的那些天资比不上她的同学们，不是自己创业当上了老板就是在单位出人头地、风光无限，只有她的生活还是在原地踏步，事业更没有什么大的起色。

不战胜懦弱，你就不能取得成功。生活中，但凡那些在事业上停滞不前，以至于一事无成的人，其中一个很重要的原因就是懦弱，不敢表现自己。面对任何事情，他们都习惯性地先采取守势，活像个受到意外惊吓的小刺猬，机遇来了也犹豫不定，缺乏主动性和积极性。对他们来说，推卸和逃避已经是一种习惯。正是那种习惯性的退缩使他们失去了他们对别人和别人对他们的关注，也让他们失去了成功的机会。

懦弱让人怯于承担责任，一方面是他们先天自身存在着某些性格、气质方面的缺陷所引起的；另一方面也是因为对现实畏惧的心理所致，对捉摸不定的未来的恐惧使人们不愿轻易改变现状。因此，尽管目前状况苦不堪言，但未知的将来却可能更加可怕，于是他们宁愿忍受现在的痛苦而不去做什么改变。

这种懦弱心理在求职中的表现就是特别渴望得到他人的承认和认可，希望得到面试方的肯定，然而，这种愿望有多强烈，随之而来的畏惧就有多深。他们会产生这样的恐惧和担心：如果我得不到这份工作，结果将会怎样？如果不受欢迎怎么办？这些问题会变得越来越突出，并对求职者的行为产生影响，其思路也会因此发生微妙的变化。

懦弱的人在工作中，因为担心自己不受欢迎，也就不会再依照自己的特长来展示自己，而选择一味地追求得到承认和赢得赞许，费尽心思讨他人欢喜，丧失自己的立场。结果，反而对自己的性格也产生了更严重的影响。最终，与近在眼前的成功机会擦肩而过。

不论个人还是组织，一旦因为恐惧和懦弱而停滞不前，就会丧失竞争力，失败在所难免。

瑞士手表制造商于1967年，在其研究中心发明了电子石英表，然而小心谨慎的瑞士人拒绝了生产这种手表的建议。他们担心，没人会要一块没有发条的手表。因此，不敢投放于市场。十年之后，这一决策却使瑞士手表的市场占有率从65%下降到了不足10%。

日本公司却迎难而上，他们勇于向市场发起挑战，利用瑞士公司的发明，大规模生产、推广了电子表。当然，他们在电子表行业也后来居上。

人生需要规划，更在于主动地谋划，人生需要我们不断地选择尝试。一个懦弱的人如果不积极地创造条件，就意味着丢掉良机。

一位哲人曾说过："你若失去财产，你只失去一点儿；你若失去荣誉，你就失去很多；你若失去勇敢，你就把一切都失去了。"人生本来就充满变数，在通往成功的路途上更是荆棘丛生，如果胆怯懦弱，就无法迈动脚步。没有胆量，即便机会来临，你也会与之失之交臂，只能是失败的代名词。

你的人格中最神圣、最宝贵的东西就是勇敢。勇者无敌，勇者无惧，只有勇往直前生活才会更加精彩，机遇只垂青于那些富有进取意识和创造力的人。

那些生性懦弱的人，要想摆脱困境，就要学会有主见，有自己的想法和见地。树立自信心，勇敢地去闯、去尝试，努力尝试才有成功的可能。

勇敢迈出第一步，梦想会离你近一步

等待会让人变得懒惰，踌躇会让人变得胆怯，逃避会让人变得懦弱。千里之行，始于足下。成功之路固然不会一帆风顺，但只要你勇敢地迈出第一步，就已经成功一半。要让自己成为一个实干家而不是空想家，掌声和鲜花永远停留在终点上，只有迈出第一步并不断激励自己向前，我们才会到达成功的彼岸。

有人说，世界上最遥远的距离是头与脚。一个人把对未来的所有规划统统存放在头脑里，却始终不肯勇敢地迈出第一步，那么这个人注定不会成功。只在岸边比划却不肯下水的人，注定成为不了游泳健将；只知道如何瞄准却从来不开枪射击的人，注定成不了神枪手；只会对别人的作品评头论足，却从来没有拿起过画笔的人，注定成不了优秀的画家。

雏鹰只有经历过无数次坠落，才能展翅翱翔；幼马只有经历过无数次跌倒，才能驰骋万里。一个人无论拥有怎样的智慧、力量和优越的先天条件，必须敢于将自己的梦想付诸实践，在风雨蹉跎中去磨炼自己，最终才能成为一个了不起的人。

在行动成功学中，有这样一个寓言故事：

有一位智慧卓越的智者，他每天都穿着破旧的衣服，坐在树下乘凉。

很多年轻人都来向智者请教如何能让自己变成有钱人，唯有村里最穷的一个人却从来不向智者请教。

智者说："要想让自己拥有财富，首先要拥有智慧，因为智慧能够武装人的头脑。"大家纷纷点点头。

智者继续说："除了拥有智慧，还要拥有力量，足够强壮的身体能够克服许多困难。"大家又点点头。

"拥有了力量之后，还要拥有勇气……"

日复一日，年复一年，智者每天坐在树下和别人侃侃而谈。十年过去了，智者依旧衣衫褴褛，生活潦倒，而曾经那个穷人却变成了村里首富。大家都觉得奇怪，他从来没听过智者传授经验，是凭什么把自己变成一个有钱人的呢？他拥有了智慧、力量、勇气还是别的什么呢？

那位曾经的穷人笑着说："我也不知道自己拥有了什么，反正我每天都去拣一些瓶瓶罐罐来卖，虽然辛苦但钱却越攒越多，也就成为了今天的样子。"

这个故事告诉我们：很多时候，很多事情，并非我们做不好，而是我们根本没有去做。或是因为恐惧，或是因为懈怠，始终没有尝试去做出一些努力，没有迈出通往成功的第一步。行胜于言，任何一次不完美的尝试，都胜过完美无瑕的空想。只有持续不断地努力实践，才是成就自我的关键。

勇敢迈出第一步，即使是失败，那也是成功的开始；勇敢迈出第一步，即使有失望，那也能汲取智慧；勇敢迈出第一步，即便前路渺茫，那至少也在向终点靠近；勇敢迈出第一步，即便要付出更多血汗，那也能让自己永远走在别人前面。

高楼万丈平地起，无论人生有怎样的目标，总要从第一步开始。守株待兔得不到幸运的垂青，只有敢于行动者才有资格享受丰厚的果实。铸就一段精彩的人生旅程，重要的不是多么完美的规划设计，而是要我们脚踏实地，勇敢地走出来。

被誉为世界上最伟大的销售员的乔·杰拉德，每次和陌生人见面时，也不管对方是什么地位和身份，总是第一时间递上自己的名片。他每次去餐厅用餐完毕之后，总是在账单下面放上两张名片。甚至在现场观看体育比赛时，当所有人都热烈欢呼时，他也会把不计其数的名片随手扔出去。

他这样做的目的就是为了能让更多人注意到他，认识到他。即使对方暂时没有购买商品的意愿，但知道了他的名字，也总有一天会找他的。

在他看来，惊人的销售业绩不是等来的，而是在于做好每一个细节，在于通过一点一滴的行动努力。

成功没有捷径可言。不积跬步无以至千里，想要达到卓越，就要从行动开始，从每一个不起眼的细节开始，从每一段征程的起点开始，一步一步地去实现它。

收获成功对每一个人来说都是最大的幸福，我们都有机会成为这样幸福的人。只要别让自己继续等待，只要别一动不动地站在原地，只要为了这份幸福去努力做点什么，只要在行动以前再多一点勇敢，那么实现梦想的那天就会距离我们越来越近。

世界著名潜能激励大师安东尼·罗宾说："人生任何的伟业不在于能知，而在于能行。"获得成功的条件不是你知道多少，想到了多少，而是你究竟为此做了什么。无论你怎样规划自己的人生，总要勇敢地迈出第一步，总要让自己行动起来。当你真的开始向梦想进发时，那些对未知的恐惧就会逐渐消散，你才有机会去改变自己的人生。

迎难而上，铸就属于自己的辉煌

自信并不是与生俱来的，而是在尝试和体验中获得的，因此具有一定的冒险精神就显得尤为重要。在成长的过程中，每个人都或多或少地有过些冒险的体验：婴幼儿时期，我们敢于冒险站起来学习走路；年纪稍大时，我们冒险学骑自行车或者尝试其他运动；长大之后，我们冒险学习开汽车，甚至学跳伞……

在一次次冒险尝试中，我们奠定了对自己的信心。从这个角度来说，冒险有助于我们增长自信。然而，有的人缺乏勇气和冒险精神，一生只做有把握的事，由于过度谨慎和保守，错失了很多大好机遇，非常遗憾。

其实，人生处处都有风险，成与败本是一线之隔。敢于冲出那条分割线，我们就能找到人生的重大突破；反之，我们的人生就有可能永远停滞不前。

比尔·盖茨一手打造了自己的微软帝国，在激烈的商业竞争中缔造了属于自己的传奇。在总结自己成功的秘诀时，他首推的是冒险精神。比尔·盖茨认为，任何伟大的事业都离不开冒险精神，如果一个机会没有伴随任何风险，那么这样的机会通常不值得耗费心思去尝试和把握。他坚信有冒险的机会才能使事业更上一层楼，而挑战风险也会使人生更加有趣味性。

比尔·盖茨是一个天分极高、热爱冒险、自信心很强的人。正是基于这种特质，他在电脑技术领域取得了无可匹敌的地位。

事实上，比尔·盖茨从学生时代就开始培养自己的冒险精神。他在读哈佛大学的第一年制定了一个学习策略，多数课程都逃课，临近期末考试时再努力恶补知识，他想通过这种方式来测试如何花更少的学习时间拿到最高的分数。后来，他把这套策略运用到商业运作上，发展成用最少的时间和成本获得最快最高的回报。

比尔·盖茨致力于培养自信好斗、敢于冒险的性格。长大以后，他成为令所有竞争对手都害怕的人物。因为他善于把握机遇，不惧风险，不服输、不退缩，不达到目的不罢休，所以一个个对手都败给了他。比尔·盖茨从来都不安于现状，即使多次蝉联世界首富，依然野心勃勃地驱使自己继续在事业中冒险。

在接受记者采访时，他说："我最害怕的是满足，所以每一天我走进办公室时都自问，我们是否仍然在辛勤工作？有人将要超越我们吗？我们的产品真的是目前世界上最好的吗？我们能不能再加点油，让我们的产品变得更好呢？"

在生活中，比尔·盖茨同样是个爱冒险的人。他喜欢速度超快的游艇和汽车。他通过这些刺激运动，来锻炼自己冒险的性格，因为那风驰电掣的速度不仅能给他带来快感，而且能激发他的无限潜能，使其不断超越自我，完成一项项个人壮举。比尔·盖茨经常一个人驱车到荒凉的大漠旅行，一个人架着飞机飞越崇山峻岭，一个人驾驶游艇在茫茫大海上航行。他时时刻刻都在磨炼自己，所以他总能在新的冒险中实现自我突破，成为商场上不败的神话。

风险和收益在一定程度上是呈正比的，只有敢于冒险才能获得机遇的垂青。敢想敢做的精神会赋予一个人热情、活力和信心，畏首畏尾什么都不敢做的人，永远都不可能树立自信心，事业也不可能有新的进展。我们生活在一个充满风险的环境里，想要百分之百地摆脱风险几乎是不可能的，有时候不去冒险反而会给自己带来更大的风险。

在激烈的市场竞争中，狭路相逢永远都是勇者胜。作为年轻人，不能过于保守和怯懦，要该出手时就出手，果断地抓住机遇，在尝试中寻找信心，在冒险中寻找突破，迎难而上、砥砺风雨，铸就属于自己的辉煌。